中学入試用 出題ベスト10シリーズ③

これが入試に出る

計算 合格の820題

全問くわしい解き方つき

声の教育社

は　じ　め　に

みなさんが算数を学習するにあたって基本になるのは，何といっても「計算力」です。時間に制限のある入試ではすばやい「計算」が要求されますし，どんな複雑な問題でも，「計算」が正確にできなければ，正答は得られません。

そこで，本書では，中学入試より820題を厳選（校名は出題当時のものです）し，「計算」の基本的な力がしっかり身につくように編集しました。計算パターンごとに比較的やさしいものから順に構成してあります。前半はいわゆる「計算問題」です。後半は「１～２行小問」の基礎的な問題になっています(図形，特殊算をのぞく)。これは，近年の中学入試における算数の出題傾向をつぶさに検討すると，純然たる「計算問題」の比率が大幅にへり，かわって「１～２行小問」の集合問題が急増していることに対応するためです。

また，本書では全問に「くわしい解き方」がついています。これは，これまでの類書にみられた“解答は何となくわかるが，解き方がよくわからない”というみなさんの不満をすっかり解消するためです。本書の利用のしかたは，次の「この本の使い方」を参照してください。

この本の使い方

■はじめから順番に学習する　この本では計算パターンごとに(たとえば「整数の計算」「小数の計算」のように)，できるだけやさしい順番に並べてありますから，はじめから順番に学習してください。

■ノートを１冊用意する　この本用にノートを１冊用意してください。もちろん問題文の余白に書きこんでもかまいませんが，専用ノートに解き方と解答を書きこんでいって，後で別冊の「くわしい解き方」を参照するのが効果的です。

■かならずチェックする　各問題ごとにチェックらんが２つずつあります。めやすとして最低２回は学習するように設けたものです。１つの問題を完全に解けたら■，解けなかったら◩のようにチェックしておけば，自分の学習の進度がわかって便利です。解けなかった問題は別冊の「くわしい解き方」で解法をしっかり身につけましょう。

■「時間のめやす」を活用する　各ページの右上に「時間のめやす」が表示してあります。これは標準的な所要時間です。また，各ページの下には学習した月日と計算時間，できた数を記入する欄があります。かならず記入して「時間のめやす」と比較し，少しでも解く時間を短くできるように，また，できた数をどんどんふやすように，くり返し学習してください。

■「計算のポイント」をよく読む　この本では「計算のポイント」として，計6ページ分，基礎的な公式や簡便な計算法を示してありますので，よく読んで参考にしてください。

■別冊の「くわしい解き方」を熟読する　正答が得られなかった問題は別冊の「くわしい解き方」を熟読して，正しい解き方を学んでください。また，解答が合っている問題でも，別のもっと速い解き方があるかもしれませんから，確認の意味でもよく読みましょう。特に後半の「１～２行小問」の「くわしい解き方」はくり返し読むことが大切です。

■自分の実力を判断する　おもて表紙のうら面に「計算力判定・自己チェックらん」をのせてありますから，自分の実力を確かめることができます。

声の教育社・編集部

目　次

はじめに・この本の使い方 …… 1
1～4　整数の計算①～④ …… 4～7
5～7　小数の計算①～③ …… 8～10
8～11　分数の計算①～④ …… 11～14
12～13　整数と小数の計算①～② …… 15～16
14～16　整数と分数の計算①～③ …… 17～19
17～20　小数と分数の計算①～④ …… 20～23
21～24　整数と小数と分数の計算①～④ …… 24～27
25～28　計算のくふう①～④ …… 28～31
29～34　還元算(□を求める計算)①～⑥ …… 32～37
35～36　除法とあまり①～② …… 39～40
37　概数(がいすう)と概算 …… 41
38～40　単位の計算(時間①～③) …… 42～44
41　単位の計算(長さ) …… 45
42　単位の計算(面積) …… 46
43　単位の計算(重さ・体積) …… 47
44　縮　尺 …… 48
45～46　比例式①～② …… 50～51
47　単位のついた比例式 …… 52
48　比と比の値 …… 53
49～50　比の応用①～② …… 54～55
51　連　比 …… 56
52　比例配分 …… 57
53　反比例 …… 58
54　約　数 …… 60
55　倍　数 …… 61
56～58　数の性質①～③ …… 62～64
59　循環(じゅんかん)小数 …… 65
60～63　規則性①～④ …… 66～69
64　日暦算 …… 71
65　約束記号 …… 72
66～69　場合の数①～④ …… 73～76
70～73　速さ①～④ …… 78～81
74～75　食塩水の濃度①～② …… 82～83
76～80　割合①～⑤ …… 84～88
81～82　総合問題①～② …… 89～90

計算のポイント① …… 3
計算のポイント② …… 38
計算のポイント③ …… 49
計算のポイント④ …… 59
計算のポイント⑤ …… 70
計算のポイント⑥ …… 77
「計算力判定・自己チェックらん」 …… おもて表紙のうら面
■くわしい解き方 …… 別冊

■計算のポイント①

●一の位の数の和が0になるものをまとめて計算する

〔例〕 $11+13+59+47=(11+59)+(13+47)=70+60=130$

●整数のかけ算・わり算は分数の形になおす

〔例〕 $10\div3\times6\div5\times2=\frac{10}{3}\times\frac{6}{5}\times\frac{2}{1}=8$

●(　), {　}, 〔　〕は, (　), {　}, 〔　〕の順に計算していく

〔例〕 $50-[25-\{(18+2)-5\}\div3]=50-\{25-(20-5)\div3\}=50-(25-5)=50-20=30$

●分数のたし算・ひき算は通分する

〔例〕 $\frac{1}{2}+\frac{1}{3}+\frac{1}{4}-\frac{1}{6}-\frac{1}{10}=\frac{30}{60}+\frac{20}{60}+\frac{15}{60}-\frac{10}{60}-\frac{6}{60}=\frac{65}{60}-\frac{10}{60}-\frac{6}{60}=\frac{49}{60}$

●小数のかけ算・わり算は分数になおして計算する

〔例〕 $0.1=\frac{1}{10}$　$0.2=\frac{1}{5}$　$0.4=\frac{2}{5}$　$0.5=\frac{1}{2}$　$0.6=\frac{3}{5}$　$0.8=\frac{4}{5}$

$0.25=\frac{1}{4}$　$0.75=\frac{3}{4}$　$0.125=\frac{1}{8}$　$0.375=\frac{3}{8}$　$0.625=\frac{5}{8}$

●同じ数のかけ算がいくつもある場合は(　)でまとめる

〔例〕 $12\times3.14+8\times3.14-15\times3.14=(12+8-15)\times3.14=5\times3.14=15.7$

●1+2+3+…+8+9+10などの答えは次のようにして求められる

〔例〕 $1+2+3+\cdots+8+9+10=(1+10)\times10\div2=55$

$1+3+5+7+\cdots+93+95+97+99=(1+99)\times50\div2=2500$

●還元算(□を求める計算)では，□のある積の形をひとまとまりと考える

〔例〕 $4\times(\square\times5-2)=12$，$\square\times5-2=12\div4=3$，$\square\times5=3+2=5$，$\square=5\div5=1$

1 整数の計算①

時間のめやす 15分

☐☐(1) 4567－3789＋135＝☐ （千代田女学園中）

☐☐(2) 2079＋1806－2067＝☐ （文教大付属中）

☐☐(3) 8＋12÷2＝☐ （佐野日本大学中）

☐☐(4) 40－28÷4×5＝☐ （日本橋女学館中）

☐☐(5) 16－8÷2×4＝☐ （愛知教育大付名古屋中）

☐☐(6) 52－16÷12×33＝☐ （桜美林中）

☐☐(7) 6×3＋24÷3＝☐ （トキワ松学園中）

☐☐(8) 45×3÷5－21÷3＝☐ （京華女子中）

☐☐(9) 48÷15÷8×10＝☐ （京北中）

☐☐(10) 16＋4×3÷6－20÷5＝☐ （大西学園中）

	月　日	計算時間	できた数		月　日	計算時間	できた数
1回	月　日	分		2回	月　日	分	

2　整数の計算②

時間のめやす
15分

□□(1)　$78 \times 5 \div 13 - 20 =$ ☐　（佼成学園女子中）

□□(2)　$76 \times 9 - 1092 \div 13 =$ ☐　（国府台女子学院中）

□□(3)　$100 - 80 \div 5 \times 3 =$ ☐　（東京立正中）

□□(4)　$103 - 4 \times 8 + 81 \div 3 =$ ☐　（嘉悦女子中）

□□(5)　$70 - 15 \div (24 - 9) \times 63 - 81 \div 27 =$ ☐　（川村中）

□□(6)　$18 - (6 \times 4 - 4) \div 5 =$ ☐　（明星中・男子部）

□□(7)　$15 - (231 + 33) \div 33 =$ ☐　（江戸川女子中）

□□(8)　$(18 + 3 \times 4) \div 3 =$ ☐　（京都教育大付京都・桃山中）

□□(9)　$8 \times 19 - (132 - 72 \div 4) \div 3 =$ ☐　（横浜共立学園中）

□□(10)　$65 \times 63 \div (56 \times 18) \times 32 \div 13 =$ ☐　（四天王寺中）

	月　日	計算時間	できた数		月　日	計算時間	できた数
1回	月　日	分		2回	月　日	分	

3　整数の計算③

時間のめやす 15分

□□(1)　27÷63÷21×14=□　（青山学院中）

□□(2)　(143856÷37−13)÷25=□　（城西川越中）

□□(3)　175−(15−9)×25+81=□　（吉祥女子中）

□□(4)　12×14−(23+61)−29=□　（東洋英和女学院中）

□□(5)　36−24÷(2×8−4)−19=□　（京華中）

□□(6)　200−(9×4−26)×(6×63÷9−23)=□　（関西学院中）

□□(7)　28×32−132÷(180÷15)×77=□　（東大寺学園中）

□□(8)　54÷{3×(9−6)}=□　（東京女子学院中）

□□(9)　1+11÷{1+2÷(1+2÷3)}=□　（実践女子学園中）

□□(10)　18÷2×3−{24−4×(7−3)÷2}÷8=□　（相模女子大学中）

	月　日	計算時間	できた数		月　日	計算時間	できた数
1回	月　日	分		2回	月　日	分	

4　整数の計算④

時間のめやす
20分

□□(1)　$33+42\div3\times2-12\times3\div2=$ □　（玉川学園中）

□□(2)　$1\div(48\div96\div32)=$ □　（和洋国府台女子中）

□□(3)　$4+16\div(18-9\div3)\times2=$ □　（成城学園中）

□□(4)　$25-4\times\{11-(35-3)\div4\}=$ □　（郁文館中）

□□(5)　$24-4\times\{10-(6+2)\div4-4\}=$ □　（駿台学園中）

□□(6)　$16\times2-\{2\times(9-2\times3)+24\div8\}=$ □　（青雲中）

□□(7)　$30-[11-\{(19+9)\div7-3\}]=$ □　（東京家政学院中）

□□(8)　$[\{21\times(21-3)-4\}\div17+(3+5\times7)\div19]\times5=$ □　（国学院大久我山中）

□□(9)　$[27-\{(18\times3+4)\times2-25\}\div13]\div10\times2=$ □　（松蔭中）

□□(10)　$18-[\{33-4\times5\div(14-4)\}\times2]\div31=$ □　（英数学館中）

	月　日	計算時間	できた数		月　日	計算時間	できた数
1回	月　日	分		2回	月　日	分	

5　小数の計算①

時間のめやす
15分

□□(1)　0.39×0.04−0.015＝□　（鎌倉学園中）

□□(2)　0.25×6.4＝□　（千代田女学園中）

□□(3)　4.2−0.2÷0.4＝□　（西南女学院中）

□□(4)　18.34＋3.97−6.92＝□　（明星中・男子部）

□□(5)　0.6＋1.2÷0.3−2.7＝□　（吉祥女子中）

□□(6)　5.64÷0.12−0.2＝□　（比治山女子中）

□□(7)　0.8×0.9÷0.72＝□　（瀧野川女子学園中）

□□(8)　81.6÷9.6×3.4＝□　（京都教育大付京都・桃山中）

□□(9)　0.0625÷0.25×2.4＝□　（筑波大付属中）

□□(10)　0.125×2.8×0.8÷0.14＝□　（奈良教育大付属中）

	月　日	計算時間	できた数		月　日	計算時間	できた数
1回	月　日	分		2回	月　日	分	

6　小数の計算②

時間のめやす 15分

□□(1)　$3.8\times1.6-1.4\times0.2=$ □　（トキワ松学園中）

□□(2)　$3.6\times5.23-7.3\times0.6+0.72\div0.8=$ □　（小野学園女子中）

□□(3)　$12.6-2.75-3.7+23.45=$ □　（成城学園中）

□□(4)　$0.85\div1.7\times1.2-0.32\div0.8=$ □　（広島女学院中）

□□(5)　$11.8\div(3.1+2.8)=$ □　（日出女子学園中）

□□(6)　$8.4+3.2\times(6.5-5.3)=$ □　（郁文館中）

□□(7)　$5.55\div(24.1-5.6)=$ □　（鎌倉女学院中）

□□(8)　$(1.3+0.49\div1.4)\div0.6=$ □　（桐朋中）

□□(9)　$(34.9-18.4)\div(0.58+0.62)\times2.4=$ □　（東京女学館中）

□□(10)　$1.6\times(2.5-0.75)-0.125\div(1.5-0.25)=$ □　（東大寺学園中）

	月　日	計算時間	できた数		月　日	計算時間	できた数
1回	月　日	分		2回	月　日	分	

7 小数の計算③

時間のめやす
20分

□□(1) $99.7-3.2\div0.025\times0.75+6.3=$ □ (東京家政大付女子中)

□□(2) $0.3-0.0351\div0.13+0.1\times0.2=$ □ (玉川学園中)

□□(3) $1.48\div0.037-1.3\times0.054\div0.002=$ □ (学習院女子中)

□□(4) $4.3\times32.1-48.807\div8.7+56.322\div89.4=$ □ (白陵中)

□□(5) $0.1312\div0.00032-3.75\times20.8=$ □ (成蹊中)

□□(6) $0.72-(4.2-6.8\times0.35)\div2.8=$ □ (国学院大久我山中)

□□(7) $(6.3-4.2\times0.9)\div2.8=$ □ (桐朋中)

□□(8) $11.868\div(11.3-9.46)-1.74\times3.6=$ □ (六甲中)

□□(9) $(0.02+0.2\times0.2)+0.2\div0.02\times0.2=$ □ (淑徳中)

□□(10) $0.25\times\{0.5\times(3.2-2.4)+0.825\div0.25\}=$ □ (目白学園中)

	月　日	計算時間	できた数		月　日	計算時間	できた数
1回	月　日	分		2回	月　日	分	

8　分数の計算①

時間のめやす
20分

□□(1)　$\frac{5}{6}+\frac{3}{8}-\frac{11}{15}=$ □　（日本大第三中）

□□(2)　$\frac{5}{6}+\frac{6}{7}-\frac{7}{8}=$ □　（立正中）

□□(3)　$\frac{1}{2}+\frac{1}{3}+\frac{1}{4}+\frac{1}{6}=$ □　（千代田女学園中）

□□(4)　$\frac{1}{2}+\frac{1}{6}+\frac{1}{12}+\frac{1}{20}=$ □　（女子聖学院中）

□□(5)　$\frac{1}{6}+\frac{1}{12}+\frac{1}{20}+\frac{1}{30}=$ □　（三重大付属中）

□□(6)　$\frac{3}{4}+\frac{3}{28}+\frac{4}{77}+\frac{2}{143}=$ □　（城北中）

□□(7)　$2\frac{5}{8}-1\frac{1}{12}+1\frac{5}{16}=$ □　（履正社学園豊中中）

□□(8)　$3\frac{1}{3}-1\frac{7}{9}-\frac{5}{6}=$ □　（桐朋中）

□□(9)　$3\frac{3}{4}-1\frac{5}{6}+2\frac{1}{2}-1\frac{2}{3}=$ □　（成城学園中）

□□(10)　$1\frac{5}{6}-\frac{1}{15}+2\frac{7}{8}+\frac{7}{12}-3\frac{1}{10}+5\frac{9}{16}-2\frac{17}{24}=$ □　（栄光学園中）

	月　日	計算時間	できた数		月　日	計算時間	できた数
1回	月　日	分		2回	月　日	分	

9 分数の計算②

時間のめやす
20分

☐☐(1) $\frac{1}{5}+\frac{2}{7}\div1\frac{1}{3}=$ ☐ （日本大第一中）

☐☐(2) $5\frac{9}{10}-3\frac{4}{7}-\frac{19}{10}+\frac{12}{35}\div\frac{3}{5}=$ ☐ （清風南海中）

☐☐(3) $\frac{3}{8}\times1\frac{2}{3}-1\frac{2}{5}\div4\frac{1}{5}=$ ☐ （跡見学園中）

☐☐(4) $3\frac{4}{5}-2\frac{3}{5}\div3\frac{1}{9}\times2\frac{2}{9}=$ ☐ （慶応中等部）

☐☐(5) $\frac{5}{7}+1\frac{2}{5}\times\frac{5}{6}-2\frac{1}{2}\div\frac{3}{7}\times\frac{4}{49}=$ ☐ （恵泉女学園中）

☐☐(6) $\frac{17}{36}+1\frac{2}{9}\div1\frac{1}{3}-4\frac{1}{6}\times\frac{4}{15}=$ ☐ （神奈川大付属中）

☐☐(7) $\frac{1}{3}-\frac{1}{6}-\left(\frac{1}{12}-\frac{1}{24}\right)=$ ☐ （大阪信愛女学院中）

☐☐(8) $6\frac{3}{4}\times\left(\frac{4}{5}+\frac{4}{9}\right)=$ ☐ （トキワ松学園中）

☐☐(9) $\left(2\frac{1}{6}+1\frac{2}{3}\right)\times3\frac{3}{4}=$ ☐ （武蔵工業大付属中）

☐☐(10) $\left(4\frac{2}{11}-2\frac{1}{8}\right)\times\frac{11}{20}=$ ☐ （鎌倉女学院中）

	月　日	計算時間	できた数		月　日	計算時間	できた数
1回	月　日	分		2回	月　日	分	

10 分数の計算③

時間のめやす
20分

☐☐(1) $\left(\frac{1}{2}+\frac{2}{5}-\frac{3}{10}\right)\times 2\frac{7}{9}=$ ☐ （独協中）

☐☐(2) $\frac{2}{5}-\left(2\frac{1}{2}-\frac{3}{5}\right)\div 6\frac{1}{3}=$ ☐ （戸板中）

☐☐(3) $\frac{4}{9}-\left(\frac{3}{5}-\frac{1}{2}\times\frac{1}{3}\right)=$ ☐ （埼玉大付属中）

☐☐(4) $1\frac{3}{4}-\left(\frac{5}{6}-\frac{4}{9}\right)\div 1\frac{5}{9}=$ ☐ （東京家政学院中）

☐☐(5) $2\frac{3}{8}\div\left(\frac{2}{3}+7\frac{1}{2}\times\frac{1}{3}\right)=$ ☐ （大阪教育大付池田中）

☐☐(6) $\frac{8}{9}-\frac{3}{7}\times\left(\frac{5}{4}-\frac{1}{6}\div\frac{2}{3}\right)=$ ☐ （東京学芸大付小金井中）

☐☐(7) $\frac{3}{4}\div\frac{5}{18}\times\frac{35}{54}-\frac{3}{7}\times\left(\frac{1}{5}-\frac{1}{6}\right)\div\frac{1}{20}=$ ☐ （目黒星美学園中）

☐☐(8) $\left(3\frac{1}{2}+\frac{2}{5}\right)\times\left(4\frac{1}{2}-1\frac{1}{6}\right)=$ ☐ （湘南学園中）

☐☐(9) $\left(\frac{1}{3}+\frac{1}{4}\right)\times 1\frac{1}{7}-\left(\frac{2}{5}-\frac{1}{3}\right)\div\frac{2}{5}=$ ☐ （文京女子大学中）

☐☐(10) $\left(\frac{5}{8}+\frac{1}{6}\right)\div\left(1\frac{1}{5}-1\frac{2}{3}\times\frac{3}{20}\right)\div\left(\frac{1}{16}+\frac{1}{6}+\frac{1}{8}\right)=$ ☐ （高槻中）

	月　日	計算時間	できた数		月　日	計算時間	できた数
1回	月　日	分		2回	月　日	分	

11 分数の計算④

時間のめやす
25分

□□(1) $4\frac{2}{13}\times\left(\frac{4}{9}-\frac{1}{3}\div\frac{1}{2}+1\frac{1}{3}\right)\div2\frac{4}{13}=\square$ （洗足学園大付属中）

□□(2) $3\frac{3}{4}\times2\frac{1}{3}-\left(\frac{1}{3}-\frac{1}{7}\right)\div\frac{2}{21}+\frac{3}{4}=\square$ （和洋九段女子中）

□□(3) $\left(1\frac{5}{6}+2\frac{13}{20}-3\frac{1}{3}\right)\div1\frac{4}{5}\times7\frac{19}{23}=\square$ （明治大付中野中）

□□(4) $\left(\frac{1}{5}+\frac{1}{4}-\frac{1}{3}\right)\div\frac{7}{15}-\left(\frac{5}{7}-\frac{2}{21}\right)\div\left(7\frac{2}{3}-\frac{5}{7}\times4\frac{2}{3}\right)=\square$ （安田学園中）

□□(5) $\frac{2}{3}-\frac{2}{5}\times\left\{\frac{1}{2}-\left(\frac{3}{4}-\frac{2}{3}\right)\right\}=\square$ （青山学院中）

□□(6) $\left\{\left(\frac{4}{15}+\frac{5}{6}\right)\div\frac{11}{12}-\frac{3}{7}\right\}\div\left(\frac{3}{5}+\frac{3}{4}\right)=\square$ （大阪教育大付平野中）

□□(7) $\left\{\left(\frac{1}{2}-\frac{1}{3}+\frac{1}{4}+\frac{1}{6}\right)\times\frac{1}{7}\div\frac{1}{8}-\frac{1}{9}\right\}\times\frac{1}{10}=\square$ （暁星中）

□□(8) $\left\{\frac{26}{5}-\left(1\frac{1}{3}+2\frac{1}{2}\right)\div\frac{5}{6}\right\}\div\frac{1}{5}=\square$ （市川中）

□□(9) $\left\{\left(\frac{9}{2}-2\frac{3}{8}\right)\div\left(2-\frac{1}{4}\right)-1\frac{1}{7}\right\}\times\frac{24}{5}=\square$ （広島城北中）

□□(10) $\frac{12}{13}\times\left\{\left(\frac{5}{8}+\frac{5}{7}\right)\times\left(3\frac{3}{15}-\frac{2}{5}\right)-2\frac{2}{3}\right\}=\square$ （国府台女子学院中）

	月　日	計算時間	できた数		月　日	計算時間	できた数
1回	月　日	分		2回	月　日	分	

12 整数と小数の計算①

時間のめやす
20分

□□(1) $20-4\div0.32=$ □ （嘉悦女子中）

□□(2) $3.2-7\times0.03=$ □ （松蔭中）

□□(3) $153.6\div48-3.4\times0.85=$ □ （日本大第三中）

□□(4) $3.2\div0.8-0.5\times6=$ □ （日出女子学園中）

□□(5) $4.3-1.96\times0.5\div4=$ □ （立正中）

□□(6) $3\div0.5\times0.02\times0.004\div0.0004=$ □ （鎌倉学園中）

□□(7) $18\div25\times0.125\div0.36\times72=$ □ （品川女子学院中）

□□(8) $0.32\div0.08\times0.21-0.26\times3=$ □ （駿台学園中）

□□(9) $0.36\times200\times1.25-5\times4.216=$ □ （四天王寺中）

□□(10) $4.8\times12\div9\times3\div3.2\times4=$ □ （大阪星光学院中）

	月　日	計算時間	できた数		月　日	計算時間	できた数
1回	月　日	分		2回	月　日	分	

13 整数と小数の計算②

時間のめやす 25分

□□(1) $0.25+0.375\times(32-2.8)=$ □ （光塩女子学院中）

□□(2) $2.7\times(10-7.99)\div3=$ □ （明星中・女子部）

□□(3) $50\div2.5\times3.1-0.4\times(38-0.5)=$ □ （洗足学園大付属中）

□□(4) $5.1\times7\times17.5\div(1.5\times8.5\times4.9)=$ □ （鷗友学園女子中）

□□(5) $(9.8+7.6\times5-4.3)\div2\div0.1=$ □ （甲南中）

□□(6) $(1.2+0.8)\times0.6-(2-0.08)\div2.4=$ □ （広島教育大付東雲中）

□□(7) $17.3-\{16.2-(1.5+0.8)\times3\}=$ □ （茨城中）

□□(8) $0.12\div\{9-6\div(11-7)\}\times0.3=$ □ （戸板中）

□□(9) $0.56-\{0.22+(2.57-2.31)\div2\}=$ □ （日本大豊山女子中）

□□(10) $\{50-5\times(13.1-9.7)\}\times6-14.3\div0.13=$ □ （芝浦工業大学中）

	月　日	計算時間	できた数		月　日	計算時間	できた数
1回	月　日	分		2回	月　日	分	

14 整数と分数の計算①

時間のめやす
20分

☐☐(1) $3-1\frac{3}{5}+\frac{1}{3}+\frac{1}{6}=$ ☐ （立正中）

☐☐(2) $1-\frac{1}{2}+\frac{2}{3}-\frac{3}{4}+\frac{4}{5}-\frac{5}{6}=$ ☐ （賢明女子学院中）

☐☐(3) $3-2\frac{4}{5}\times\frac{2}{3}=$ ☐ （明星中・男子部）

☐☐(4) $8\div12\times\frac{2}{3}=$ ☐ （宮崎大付属中）

☐☐(5) $5-\frac{1}{2}\div\frac{3}{4}\times6=$ ☐ （聖学院中）

☐☐(6) $3\times\frac{4}{5}+\frac{1}{5}\div\frac{1}{4}=$ ☐ （お茶の水女子大付属中）

☐☐(7) $1-\frac{7}{12}\div8\frac{3}{4}+2\frac{1}{6}=$ ☐ （三輪田学園中）

☐☐(8) $1\frac{2}{3}+2\frac{1}{4}\div6-4\frac{1}{2}\times\frac{1}{3}=$ ☐ （筑波大付属中）

☐☐(9) $\frac{1}{2}-\frac{1}{3}+\frac{1}{4}-5\div12+\frac{1}{6}=$ ☐ （フェリス女学院中）

☐☐(10) $6\times1\frac{1}{3}-2\frac{3}{4}-1\frac{1}{4}\div7\frac{1}{2}=$ ☐ （文教大付属中）

	月　日	計算時間	できた数		月　日	計算時間	できた数
1回	月　日	分		2回	月　日	分	

15 整数と分数の計算②

時間のめやす
20分

□□(1) $4-\left(2\frac{1}{3}-\frac{3}{4}\right)=$ □ （西武学園文理中）

□□(2) $24\times\left(\frac{5}{8}-\frac{7}{12}\right)=$ □ （東京立正中）

□□(3) $8-\left(2\frac{1}{3}+1\frac{1}{2}\right)\times1\frac{11}{23}=$ □ （日本橋女学館中）

□□(4) $\frac{1}{5}+\frac{1}{3}\times\left(\frac{7}{3}-2\frac{2}{3}\div2\right)=$ □ （茨城中）

□□(5) $1\frac{1}{5}-\left(\frac{3}{4}-\frac{1}{3}\right)\times2\div1\frac{2}{3}=$ □ （富士見丘中〈横浜〉）

□□(6) $13-\left(1\frac{2}{3}-\frac{3}{4}+\frac{1}{6}\right)\times12=$ □ （山手学院中）

□□(7) $2\frac{3}{5}\times\left(\frac{3}{4}\div\frac{1}{6}-2\right)-\frac{1}{3}\div\frac{1}{4}=$ □ （桐光学園中）

□□(8) $\left(1+1\times1\frac{2}{3}\right)-\left(1+1\div1\frac{2}{3}\right)=$ □ （佐野日本大学中）

□□(9) $\left(2\frac{2}{5}+1\frac{1}{3}\times5\right)\div3\frac{2}{5}-\frac{2}{3}=$ □ （明星中〈大阪〉）

□□(10) $\left(\frac{3}{4}-\frac{2}{3}\right)\times36-3\frac{1}{5}\div5\frac{1}{3}+\frac{2}{5}=$ □ （長崎大付属中）

	月　日	計算時間	できた数		月　日	計算時間	できた数
1回	月　日	分		2回	月　日	分	

16 整数と分数の計算③

時間のめやす
25分

☐☐(1) $\left(\frac{3}{4}-\frac{2}{3}\right)\times\frac{1}{2}\div\left(1-\frac{1}{4}\right)=$ ☐ （捜真女学校中）

☐☐(2) $\left(\frac{1}{3}+\frac{1}{6}-\frac{1}{2}\right)\div(8\div5-1)=$ ☐ （京華女子中）

☐☐(3) $\frac{1}{2}\times\left(1-\frac{3}{5}\right)+\left(\frac{1}{4}-\frac{1}{7}\right)\times\frac{1}{3}=$ ☐ （芝浦工業大学中）

☐☐(4) $\left(1-\frac{1}{9}\right)\times\left(1-\frac{1}{16}\right)\times\left(1-\frac{1}{25}\right)\times\left(1-\frac{1}{36}\right)=$ ☐ （駿台学園中）

☐☐(5) $2\div\left\{2-\left(2-\frac{1}{3}+\frac{1}{15}\right)\right\}=$ ☐ （淑徳中）

☐☐(6) $1-\left\{3-\left(2\frac{4}{5}-1\frac{1}{3}\right)\times\frac{3}{2}\right\}\div2=$ ☐ （明星中・女子部）

☐☐(7) $\left\{4-\left(1-\frac{3}{4}+\frac{1}{10}\right)\times\left(1-\frac{3}{14}+\frac{4}{7}\right)\right\}\div\frac{1}{40}=$ ☐ （城西川越中）

☐☐(8) $2\frac{1}{7}\div1\frac{3}{4}-\left\{6-\left(\frac{3}{4}+2\frac{1}{6}\right)\div1\frac{11}{24}\right\}\times\frac{1}{14}-\frac{3}{7}=$ ☐ （幕張中）

☐☐(9) $\frac{1}{2}-\frac{1}{4}\div\left\{1\div6\div\left(\frac{1}{3}-\frac{1}{5}\right)\right\}=$ ☐ （奈良学園中）

☐☐(10) $2\times\left\{1\frac{1}{2}-\frac{3}{7}\times\left(4\frac{2}{3}-1\frac{5}{6}\right)\right\}=$ ☐ （大阪女学院中）

	月　日	計算時間	できた数		月　日	計算時間	できた数
1回	月　日	分		2回	月　日	分	

17 小数と分数の計算①

時間のめやす 20分

(1) $1\frac{1}{3}-\frac{1}{2}-0.75=$ □ （小野学園女子中）

(2) $5\frac{1}{3}-2.3+1\frac{1}{2}=$ □ （女子聖学院中）

(3) $0.25+\frac{1}{5}\div\frac{3}{10}=$ □ （藤村女子中）

(4) $3.75\times\frac{8}{9}-4.9\div3\frac{1}{2}=$ □ （山脇学園中）

(5) $3.2\times1\frac{2}{3}-0.25\div\frac{3}{4}=$ □ （十文字中）

(6) $62.3\div\frac{3}{5}\times15.9=$ □ （穎明館中）

(7) $3.75\div\frac{12}{5}\times\frac{5}{12}=$ □ （高知大付属中）

(8) $3.4\div2\frac{5}{6}+1.25\times1\frac{3}{5}=$ □ （追手門学院大手前中）

(9) $2.5+0.3\times\frac{5}{12}+1.5\div\frac{3}{7}=$ □ （日本大豊山女子中）

(10) $1\frac{2}{3}\div3.2\div\frac{5}{8}\times2.4=$ □ （埼玉大付属中）

	月　日	計算時間	できた数		月　日	計算時間	できた数
1回	月　日	分		2回	月　日	分	

18　小数と分数の計算②

時間のめやす
25分

☐☐(1)　$3\frac{1}{3}\div1.25\times2.4-\frac{2}{5}=$ ☐　（成城学園中）

☐☐(2)　$\frac{5}{6}\times0.6\div0.125-0.7\times\frac{5}{21}=$ ☐　（東京家政大付女子中）

☐☐(3)　$0.75\div0.5\div1\frac{1}{2}-3.6\times0.02=$ ☐　（帝京大学中）

☐☐(4)　$1\frac{1}{6}+\frac{1}{8}\times0.25\div0.1875+\frac{2}{3}=$ ☐　（頌栄女子学院中）

☐☐(5)　$\left(0.6-\frac{9}{25}\right)\div2\frac{2}{5}=$ ☐　（日本大第三中）

☐☐(6)　$0.4\div\frac{2}{3}-\left(\frac{1}{3}-\frac{1}{4}\right)=$ ☐　（聖徳学園中）

☐☐(7)　$0.75\times1\frac{2}{3}-\left(\frac{1}{3}+\frac{1}{2}\right)=$ ☐　（帝塚山学院泉ヶ丘中）

☐☐(8)　$0.5-\left(\frac{3}{4}-\frac{5}{9}\times0.6\right)\times0.2=$ ☐　（相模女子大学中）

☐☐(9)　$\left(2.3-\frac{1}{2}\div\frac{1}{3}\right)\div0.2=$ ☐　（市川中）

☐☐(10)　$\left(1\frac{7}{9}\times5.25-6\frac{2}{15}\right)\div2\frac{6}{7}=$ ☐　（大阪星光学院中）

	月　日	計算時間	できた数		月　日	計算時間	できた数
1回	月　日	分		2回	月　日	分	

19　小数と分数の計算③

時間のめやす
25分

□□(1)　$\frac{5}{6}-\frac{1}{3}\times(5.6-3.2)=$ □　（和洋国府台女子中）

□□(2)　$\left(\frac{11}{3}-\frac{11}{5}\right)\times1.25-0.7\div0.75=$ □　（独協中）

□□(3)　$39.6\times\left(2\frac{1}{3}-2\frac{1}{4}\right)-1.4\div3\frac{1}{2}=$ □　（共立女子第二中）

□□(4)　$\left(\frac{2}{3}-\frac{1}{6}\right)\div\frac{2}{5}-1\frac{3}{4}\times0.6=$ □　（東海大付浦安中）

□□(5)　$1.25\times4\frac{5}{7}+\left(0.9-\frac{4}{5}\right)\div\frac{28}{9}=$ □　（富士見丘中〈東京〉）

□□(6)　$4\frac{2}{5}\div\left(1\frac{3}{7}\div1\frac{11}{14}\right)-4.2\div1.5=$ □　（桐朋中）

□□(7)　$3.9\div1\frac{6}{7}-\left(1\frac{1}{6}-1.2\times\frac{2}{9}\right)=$ □　（東洋英和女学院中）

□□(8)　$1\frac{11}{15}\div\left(3.4-\frac{5}{3}\right)\times5.78-0.28\times\frac{27}{2}=$ □　（法政大第二中）

□□(9)　$\left(4\frac{1}{2}\div\frac{4}{5}-0.9\times\frac{3}{4}\right)\div\frac{9}{4}=$ □　（大阪女学院中）

□□(10)　$\frac{17}{20}+0.125\times\left(\frac{4}{5}-\frac{2}{3}\right)\times1.5-0.375=$ □　（東大寺学園中）

	月　日	計算時間	できた数		月　日	計算時間	できた数
1回	月　日	分		2回	月　日	分	

20　小数と分数の計算④

時間のめやす
25分

□□(1) $\frac{1}{30}\div0.04\times0.05-\frac{1}{12}\div\left(2\frac{1}{4}\div\frac{3}{8}\right)=$ □　（和洋九段女子中）

□□(2) $4.86\div2\frac{1}{4}-2\frac{3}{7}\div\left(0.75+\frac{2}{3}\right)\times0.56=$ □　（桐蔭学園中）

□□(3) $\left(0.125+\frac{5}{6}\right)\times3\frac{1}{5}-\left(2\frac{1}{4}-0.75\right)\div\frac{5}{8}=$ □　（海城中）

□□(4) $\left(0.175\div\frac{1}{5}\right)-\left(2\frac{1}{3}-0.75\right)\div4.75=$ □　（日本大学中）

□□(5) $3\frac{1}{9}+\left(\frac{1}{5}\times0.75\div1.25-\frac{1}{25}\right)\div3.6-\left(1.3-\frac{5}{6}\right)\div5\frac{1}{4}=$ □　（早稲田実業中）

□□(6) $\left\{\left(2.3-1\frac{3}{8}\right)\times2\frac{2}{3}-1\frac{4}{5}\right\}\div\frac{5}{6}=$ □　（聖光学院中）

□□(7) $3\frac{1}{2}\div\frac{5}{7}-\left\{1.9-\left(1\frac{4}{5}-1.6\right)\right\}\times1\frac{2}{5}=$ □　（成蹊中）

□□(8) $\frac{3}{5}\times\left[10\frac{1}{2}-\left\{2.4\div0.5+\left(3\frac{1}{3}-\frac{3}{5}\right)\times1.5\right\}\right]=$ □　（目白学園中）

□□(9) $4.6\div\left\{1\frac{1}{3}+2\frac{2}{5}\times\left(0.25-\frac{1}{6}\right)\right\}=$ □　（四天王寺中）

□□(10) $\left\{2\frac{2}{3}\div\left(1\frac{1}{30}-0.8\right)+4\frac{4}{7}\right\}\times3.25=$ □　（灘中）

	月　日	計算時間	できた数		月　日	計算時間	できた数
1回	月　日	分		2回	月　日	分	

21 整数と小数と分数の計算①

時間のめやす 20分

□□(1) $5-1.5\div\frac{4}{5}\times\frac{14}{15}=$ □ （駿台学園中）

□□(2) $1.7\div4\frac{1}{2}\times1\frac{2}{3}\div8=$ □ （立正中）

□□(3) $\frac{1}{2}+0.75\times8-4\frac{1}{2}\div\frac{3}{2}=$ □ （茨城中）

□□(4) $4+6\div\frac{2}{5}-0.8\times15=$ □ （香川大付属中）

□□(5) $90\div0.05\times0.25+3\div\frac{1}{2}\div\frac{1}{5}=$ □ （富士見中）

□□(6) $\frac{5}{4}-\left(0.125\times6-\frac{3}{5}\right)=$ □ （桜美林中）

□□(7) $3\times1.2-(17-9)\times\frac{1}{4}\div\frac{2}{3}=$ □ （日出女子学園中）

□□(8) $2\div\left(2-\frac{1}{3}\right)\times0.25-0.625\times\frac{2}{5}=$ □ （洗足学園大付属中）

□□(9) $20-\frac{5}{4}-(25-4)\div0.7\times\frac{5}{8}=$ □ （日本橋女学館中）

□□(10) $1.78\times6\frac{2}{3}-4\times\left(1\frac{2}{3}+\frac{4}{5}\right)=$ □ （ラ・サール中）

	月　日	計算時間	できた数		月　日	計算時間	できた数
1回	月　日	分		2回	月　日	分	

22 整数と小数と分数の計算②

時間のめやす
20分

□□(1) $\left(0.375-\frac{1}{3}\right)\times195\div0.625=$ □　（神奈川大付属中）

□□(2) $9.94\div(13-5.9)-\frac{1}{4}\times1.4=$ □　（恵泉女学園中）

□□(3) $2\frac{5}{8}\times\frac{8}{27}+\left(1\frac{2}{3}-0.75\right)\div11=$ □　（東京学芸大付竹早中）

□□(4) $3\times\left(2\frac{1}{5}-1\frac{2}{3}\right)-1.5=$ □　（捜真女学校中）

□□(5) $\frac{21}{25}\times\left(0.5+\frac{17}{15}\right)\div4=$ □　（洛星中）

□□(6) $\left(1-\frac{2}{3}\times\frac{4}{5}\right)\div1.25\times2\frac{1}{2}=$ □　（愛知淑徳中）

□□(7) $15-14.1\div\left(1\frac{2}{3}+0.4\times3\frac{2}{3}\right)\times\frac{2}{3}=$ □　（サレジオ学院中）

□□(8) $2-\left(1\frac{1}{3}-\frac{1}{3}\times0.375\div\frac{1}{2}+\frac{1}{2}\right)=$ □　（光塩女子学院中）

□□(9) $(4-8\div5)\times1\frac{2}{3}+0.6\div1\frac{1}{2}-2.4=$ □　（本郷中）

□□(10) $1.2\times\frac{3}{4}+8\div0.5\div(16\div5)=$ □　（富士見丘中〈横浜〉）

	月　日	計算時間	できた数		月　日	計算時間	できた数
1回	月　日	分		2回	月　日	分	

23 整数と小数と分数の計算③

時間のめやす 25分

□□(1) $12-\left(3.125\div\frac{5}{16}-5\frac{1}{3}\times0.75\right)\div1\frac{1}{5}=$ □ （明治大付中野八王子中）

□□(2) $1-\left(0.2-\frac{1}{7}\right)\div\frac{8}{7}\div\frac{2}{5}-1\div\frac{4}{3}=$ □ （ノートルダム清心中）

□□(3) $9-\left(0.25\times1\frac{13}{15}+2\frac{2}{15}\div\frac{32}{23}\right)=$ □ （大谷中〈京都〉）

□□(4) $5\times(3.6-1.2)-\left(1\frac{2}{3}-\frac{3}{4}\right)\times6=$ □ （湘南学園中）

□□(5) $\left(0.75-\frac{2}{3}\right)\div\left(2\frac{1}{4}-1.8\right)\times9=$ □ （横浜国立大付横浜中）

□□(6) $1-(0.25+3.4)\div\left(\frac{3}{10}\div0.6+5-\frac{3}{2}\right)=$ □ （国士舘中）

□□(7) $\left(3\div0.25\times\frac{1}{3}-0.7\times1\frac{1}{7}\right)\div\left(0.8\div1.2-1\frac{1}{5}\times\frac{1}{3}\right)=$ □ （川村中）

□□(8) $\left(4.25+\frac{13}{6}\right)\div\left(2.4-1\frac{1}{7}\right)-5=$ □ （栄光学園中）

□□(9) $\left(\frac{2}{3}+0.125\right)\div\left(4-2.25\times1\frac{2}{3}\right)=$ □ （日本大第二中）

□□(10) $\left(\frac{3}{4}-\frac{2}{3}\right)\times2+3\frac{3}{4}\div1\frac{1}{2}-3\times(1-0.75)=$ □ （成蹊中）

	月　日	計算時間	できた数		月　日	計算時間	できた数
1回	月　日	分		2回	月　日	分	

24　整数と小数と分数の計算④

時間のめやす　25分

□□(1) $\frac{1}{6}+\left\{2-\frac{1}{3}\times(5-0.5)\right\}\times\frac{2}{3}=$ □　（日本女子大付属中）

□□(2) $5+\left\{\frac{1}{5}+\left(5-\frac{1}{5}\right)\times0.5\right\}\div\frac{1}{5}=$ □　（法政大第一中）

□□(3) $\frac{1}{6}+\left\{1-\frac{1}{3}\times(2-0.5)\right\}\times\frac{5}{3}=$ □　（京華女子中）

□□(4) $\left\{\left(1\frac{2}{3}-1\frac{1}{4}\right)\times0.6+2\right\}\div1.125=$ □　（修道中）

□□(5) $16-\left\{3-\left(3\frac{1}{4}-2\frac{1}{2}\right)\times1.6\right\}\div0.125=$ □　（成城中）

□□(6) $3-\left\{1-\left(2\frac{1}{4}-1\frac{2}{3}\right)\div0.75\right\}\div1\frac{1}{6}=$ □　（昭和女子大付昭和中）

□□(7) $6+2\frac{2}{3}\times\left\{0.75\div\left(2-\frac{2}{3}\right)\right\}-0.6\div1.2=$ □　（立教中）

□□(8) $\left\{\left(12-3\frac{2}{3}\right)\times2.25-15\right\}\div\left(1\frac{1}{2}-\frac{6}{5}\right)\div8=$ □　（麻布中）

□□(9) $\left[6\div\left\{4\div\left(5\frac{1}{3}+2\frac{8}{15}\right)\right\}\times3\frac{1}{5}\right]\div0.64=$ □　（国学院大久我山中）

□□(10) $2\times\left[12.5-\left\{0.125\div\left(3.25+\frac{3}{4}\div0.5\right)\times(16.8\times2.5-4)\right\}\right]=$ □　（大阪女学院中）

	月　日	計算時間	できた数		月　日	計算時間	できた数
1回	月　日	分		2回	月　日	分	

25 計算のくふう①

時間のめやす 20分

□□(1) $6.72\times0.8-0.22\times0.8=$ □　（鎌倉女学院中）

□□(2) $8\times8\times3.14+6\times6\times3.14=$ □　（芝浦工業大学中）

□□(3) $2.6\times3.14+5.5\times3.14-3.1\times3.14=$ □　（明法中）

□□(4) $31.4\times2.72-3.14\times8+0.314\times8=$ □　（甲南中）

□□(5) $10.4\times9+5.2\times6-10.4\times2=$ □　（小野学園女子中）

□□(6) $6.23\times7.3+6.23\times5.2-6.23\times2.5=$ □　（大妻中）

□□(7) $21.3\times7+42.6\times3-2.13\times30=$ □　（日本大第三中）

□□(8) $62\times218+747\times62-965\times32=$ □　（西武学園文理中）

□□(9) $99\times3+98\times4-97\times5=$ □　（東海大付浦安中）

□□(10) $3357\times7622+4357\times8623-3356\times7623-4358\times8622=$ □　（甲陽学院中）

	月　日	計算時間	できた数		月　日	計算時間	できた数
1回	月　日	分		2回	月　日	分	

26 計算のくふう②

時間のめやす 20分

☐☐(1) $152\div25+48\div25=$ ☐ （東京立正中）

☐☐(2) $0.25\div0.05-0.2\div0.05=$ ☐ （江戸川女子中）

☐☐(3) $(0.5\div3-0.4\div3+0.2\div3)\times30=$ ☐ （聖徳学園中）

☐☐(4) $87654\div123+45678\div123-12345\div123-54321\div123=$ ☐ （法政大第二中）

☐☐(5) $(29\times5+21\times5)\div4+(3\times16-3\times6)\div4=$ ☐ （東京成徳短大付属中）

☐☐(6) $(231\times1.3-1020\times0.5+169\times1.3)\div10=$ ☐ （跡見学園中）

☐☐(7) $18.56\times4.3+32.75\div10\times43-1.31\times4.3=$ ☐ （幕張中）

☐☐(8) $(40\times3.14-5\times2\times3.14)\div2\div3.14=$ ☐ （女子聖学院中）

☐☐(9) $0.125\div0.5-0.25\times(0.25-0.125)-0.125=$ ☐ （東大寺学園中）

☐☐(10) $9+99+999+9999=$ ☐ （安田女子中）

	月　日	計算時間	できた数		月　日	計算時間	できた数
1回	月　日	分		2回	月　日	分	

27 計算のくふう③

時間のめやす 25分

☐☐(1) $1+3+5+7+\cdots\cdots+99-2-4-6-\cdots\cdots-98=\square$ （佼成学園中）

☐☐(2) $51+52+53+54+55+56+57+58=\square$ （柳学園中）

☐☐(3) $\{(96+98+100+102+104)-(95+97+99+101+103)\}-\frac{85}{17}=\square$ （松蔭中）

☐☐(4) $3.345\times2.5+2.225\times2.5+4.43\times2.5-7\div\frac{2}{5}=\square$ （神奈川大付属中）

☐☐(5) $0.8\times0.8\times13.6+0.5\times0.5\times\frac{136}{10}+0.6\times0.6\times13\frac{3}{5}=\square$ （城西川越中）

☐☐(6) $37\frac{1}{19}\times0.72-37\frac{1}{19}\times0.53=\square$ （普連土学園中）

☐☐(7) $\frac{1}{2}\times\frac{1}{11}+3\times\frac{1}{11}-\frac{1}{3}\times\frac{1}{11}=\square$ （京北中）

☐☐(8) $23\times\frac{5}{12}+\frac{1}{5}\times23+\frac{17}{60}\times23+23\times\frac{1}{10}=\square$ （海城中）

☐☐(9) $60\times\frac{1}{4}+61\times\frac{1}{4}+62\times\frac{1}{4}+63\times\frac{1}{4}=\square$ （十文字中）

☐☐(10) $\frac{1}{4}+\frac{1}{3}\times\frac{1}{4}-\frac{1}{4}\times\left(\frac{1}{3}+\frac{1}{4}\div\frac{1}{3}\right)=\square$ （三重中）

	月　日	計算時間	できた数		月　日	計算時間	できた数
1回	月　日	分		2回	月　日	分	

28 計算のくふう④

時間のめやす
25分

□□(1) $\frac{1}{17\times18}+\frac{1}{18\times19}=$ □　（穎明館中）

□□(2) $\frac{1}{3\times4}+\frac{2}{4\times9}-\frac{6}{3\times4\times12}=$ □　（吉祥女子中）

□□(3) $\frac{1}{1\times2}+\frac{1}{2\times3}+\frac{1}{3\times4}+\frac{1}{4\times5}+\frac{1}{5\times6}+\frac{1}{6\times7}+\frac{1}{7\times8}=$ □　（暁星国際中）

□□(4) $\frac{1}{3\times4}+\frac{1}{4\times5}+\frac{1}{5\times6}+\frac{1}{6\times7}+\frac{1}{7\times8}+\frac{1}{8\times9}=$ □　（駒込中）

□□(5) $\frac{1}{2\times3\times4}+\frac{1}{3\times4\times5}+\frac{1}{4\times5\times6}+\frac{1}{5\times6\times7}=$ □　（鎌倉学園中）

□□(6) $\frac{47}{60}-\left(\frac{1}{13\times2}+\frac{1}{13\times3}+\frac{1}{13\times4}\right)=$ □　（品川女子学院中）

□□(7) $\frac{1}{1\times2\times3}+\frac{1}{2\times3\times4}+\frac{1}{3\times4\times5}+\frac{1}{4\times5\times6}=$ □　（玉川学園中）

□□(8) $\left(\frac{7}{3}-\frac{7}{4}\right)\div\frac{7}{6}+\left(\frac{7}{4}-\frac{7}{5}\right)\div\frac{7}{6}+\left(\frac{7}{5}-\frac{7}{6}\right)\div\frac{7}{6}=$ □　（相模女子大学中）

□□(9) $\frac{1}{2}+\frac{1}{6}+\frac{1}{12}+\frac{1}{20}+\frac{1}{30}+\frac{1}{42}+\frac{1}{56}+\frac{1}{72}+\frac{1}{90}=$ □　（広島城北中）

□□(10) $\frac{1}{2}\times\frac{1}{3}-\frac{1}{2}\times\frac{1}{3}\times\frac{1}{4}+\frac{1}{2}\times\frac{1}{3}\times\frac{1}{4}\times\frac{1}{5}-\frac{1}{2}\times\frac{1}{3}\times\frac{1}{4}\times\frac{1}{5}\times\frac{1}{6}=$ □　（四天王寺中）

	月　日	計算時間	できた数		月　日	計算時間	できた数
1回	月　日	分		2回	月　日	分	

29 還元算(□を求める計算)①

時間のめやす
20分

(1) $1\div(\square-2)=3$ (女子聖学院中)

(2) $(52-\square)\times4+16=144$ (共立女子中)

(3) $(8+4\times\square)\div2-14=6$ (湘南学園中)

(4) $4\times(\square\times65-12\times91)=112\times26$ (実践女子学園中)

(5) $27-(2\times6+\square\div2)=12$ (南山中・男子部)

(6) $375\times(\square\times3-5\times7)\div15\times7=700$ (跡見学園中)

(7) $(365-89)\div\square\times52-28=596$ (普連土学園中)

(8) $\{\square-(115+137)\div9\}\div24+2=5$ (浅野中)

(9) $42\times\{\square+(8\times2-7)\div5\}\div(3\div7)=294$ (城北中)

(10) $4\times24-\{95-(\square-15)\}\div3-(50-12\times3)\times2=39$ (四天王寺中)

	月　日	計算時間	できた数		月　日	計算時間	できた数
1回	月　日	分		2回	月　日	分	

30 還元算(□を求める計算)②

時間のめやす　20分

□□(1) $\square \div 5 - 1.2 \times 5 = 9.2$ （香蘭女学校中）

□□(2) $\{63.4 + (30.1 - 26.5) \times \square\} \times 5 = 374.6$ （明治大付中野中）

□□(3) $(12 - 2 \times 3 \div \square) \div 3 + 0.5 = 4$ （頌栄女子学院中）

□□(4) $3.62 \times \square - 5.783 = 9.783$ （慶応中等部）

□□(5) $206\frac{5}{29} \times \square \div \frac{1}{4} = 1993$ （灘中）

□□(6) $12 \times 3\frac{1}{3} \div \frac{2}{9} - \square = 8$ （大阪女学院中）

□□(7) $3 \div (5 - 2 \times \square) \div 7 = \frac{1}{10}$ （成城学園中）

□□(8) $\left(2\frac{1}{4} + \square\right) \div 3\frac{1}{2} = 1$ （日本大第一中）

□□(9) $\square \div 2\frac{7}{9} \div \frac{14}{5} = \frac{9}{7}$ （東京女学館中）

□□(10) $\frac{5}{8} \times \square + 5 \div 2 \times (6 - 3) = 9$ （明治学院中）

	月　日	計算時間	できた数		月　日	計算時間	できた数
1回	月　日	分		2回	月　日	分	

31 還元算(□を求める計算)③

時間のめやす 20分

□□(1) $\frac{1}{2}\times\square-(9\times13-39)\div3=2$ (東大寺学園中)

□□(2) $\left(\frac{1}{2}-\frac{1}{3}+\square\right)\times6-8=2$ (鈴鹿中)

□□(3) $\frac{4}{7}\div\left(\square+\frac{1}{8}\right)=\frac{96}{161}$ (日本大豊山中)

□□(4) $5\frac{2}{3}+2\frac{1}{3}\times\square\div2\frac{5}{8}=6\frac{5}{21}$ (雙葉中)

□□(5) $\left(3\frac{2}{3}+\square\times\frac{3}{4}-2\frac{1}{4}\right)\div\frac{5}{6}=8$ (法政大第一中)

□□(6) $\frac{5}{7}-\frac{2}{3}\div\left(\frac{13}{4}-\square\times\frac{1}{6}\right)=\frac{17}{63}$ (富士見丘中〈東京〉)

□□(7) $\left(4\times1\frac{1}{5}-2\div3\frac{1}{3}\right)\times\square+\frac{2}{5}=2\frac{1}{2}$ (聖光学院中)

□□(8) $1\frac{2}{3}-\square\times\left(8\frac{1}{4}\div3-1\frac{3}{7}\times1\frac{2}{5}\right)=\frac{2}{3}$ (川村中)

□□(9) $\left\{\left(\square-1\right)\times\frac{1}{3}+4\right\}\div2=2\frac{5}{6}$ (帝京大学中)

□□(10) $165-\left\{71+(82-\square)\times\frac{1}{3}\right\}\div2=123$ (早稲田中)

	月　日	計算時間	できた数		月　日	計算時間	できた数
1回	月　日	分		2回	月　日	分	

32　還元算(□を求める計算)④

時間のめやす　20分

□□(1) $\frac{11}{5}+\frac{9}{5}\div\square+0.2=3$　（山脇学園中）

□□(2) $1.75\div1\frac{1}{6}-\square\div0.8=\frac{2}{3}$　（学習院女子中）

□□(3) $0.9\times\square+0.3\div1\frac{5}{7}+0.375\times1\frac{3}{5}=1$　（暁星中）

□□(4) $(0.4-\square)\times5.5+0.3=\frac{2}{3}$　（大妻多摩中）

□□(5) $\left(0.6-\square+\frac{7}{30}\right)\div1\frac{1}{3}=\frac{1}{4}$　（武蔵工業大付属中）

□□(6) $\left(\frac{2}{3}\div\square-\frac{5}{9}\right)\times0.6=1\frac{14}{15}$　（青山学院中）

□□(7) $\left(3\frac{1}{3}-0.5\right)-\square\times3=2$　（大妻中）

□□(8) $2\frac{1}{3}+4\frac{1}{6}\div(\square-0.75)=3\frac{2}{3}$　（東邦大付東邦中）

□□(9) $\left\{1\frac{2}{7}-\left(\frac{2}{3}-\square\right)\right\}\div1\frac{4}{7}=\frac{2}{3}$　（愛光中）

□□(10) $\left\{3\frac{3}{5}-(6-\square)+0.1\right\}\div0.25=4\times0.7$　（同志社女子中）

	月　日	計算時間	できた数		月　日	計算時間	できた数
1回	月　日	分		2回	月　日	分	

33 還元算(□を求める計算)⑤

時間のめやす
25分

□□(1) $\left(2\frac{1}{3}+\frac{4}{21}\times\square\right)\times0.125=\frac{5}{8}$ (鷗友学園女子中)

□□(2) $\left(3\frac{1}{2}-\square\times1\frac{4}{7}\right)\div0.75-\frac{2}{3}=2\frac{2}{3}$ (芝中)

□□(3) $\left(0.125+2\frac{3}{4}\div\square\right)\times5=2$ (駒場東邦中)

□□(4) $\frac{1}{3}\times1.26-(3\div\square-1.9)=\frac{11}{50}$ (桜蔭中)

□□(5) $\left(2\frac{1}{7}-1\frac{3}{14}\right)\times3.5-\square\div\frac{2}{75}+\frac{8}{3}=3\frac{5}{12}$ (立教女学院中)

□□(6) $\left\{\left(3\frac{1}{3}-\frac{3}{2}\right)-\frac{5}{12}\right\}\div\square+1\frac{1}{6}\times1.25=1\frac{25}{36}$ (市川中)

□□(7) $\left\{0.56\div\left(8\frac{1}{4}-7.9\right)+3\right\}\div2.1-\square=1\frac{5}{14}$ (横浜共立学園中)

□□(8) $3.9\div1\frac{1}{5}-\left\{\square\times\left(\frac{1}{3}-0.3\right)-0.45\right\}=2$ (ラ・サール中)

□□(9) $2\frac{2}{3}\times\left\{\left(\frac{1}{2}-\frac{1}{3}\right)\times0.75+1\frac{1}{4}\div\left(\square+1\frac{1}{3}\right)\right\}-1\frac{2}{3}=\frac{1}{3}$ (大阪星光学院中)

□□(10) $\left[1.6-\left\{\frac{3}{2}-\left(1.4-\square\right)\div2.5\right\}\right]\times5=\frac{4}{5}$ (成城中)

	月　日	計算時間	できた数		月　日	計算時間	できた数
1回	月　日	分		2回	月　日	分	

34 還元算(□を求める計算)⑥

時間のめやす
25分

□□(1) $\frac{3}{5}\times\frac{\square-1}{8}=0.3$ (日本大第二中)

□□(2) $\frac{48\times5+9\times36-72\times\square}{6}=10$ (本郷中)

□□(3) $\frac{1988}{63}+\frac{1994}{6}=\frac{3470+\square}{63}$ (法政大第二中)

□□(4) $\frac{3+4+5}{3\times4\times5}=\frac{1}{20}+\frac{1}{15}+\frac{1}{\square}$ (関西大第一中)

□□(5) $\left(4.2-\frac{13}{15}\right)\times5\frac{11}{20}-\frac{1}{\square}\div0.025=16$ (岡山白陵中)

□□(6) $5\div\left(2-\frac{1}{\square}\right)=3$ (和洋国府台女子中)

□□(7) $\frac{3\times(\square-2)}{5}=6$ (東海大付浦安中)

□□(8) $\left(\frac{\square}{5}\div\frac{4}{9}+\frac{3}{4}\right)\times5=24$ (吉祥女子中)

□□(9) $2\frac{2}{5}\div\frac{2}{3}\div\left(\frac{1}{\square}+0.2\right)=16$ (玉川学園中)

□□(10) $\left(\frac{2}{5}+\frac{3}{\square}-\frac{1}{6}\right)\div\left(\frac{2}{3}+\frac{3}{5}-\frac{1}{4}\right)=\frac{59}{61}$ (海城中)

	月　日	計算時間	できた数		月　日	計算時間	できた数
1回	月　日	分		2回	月　日	分	

■計算のポイント②

●基本単位を整理しておぼえておく

・長さ…基本単位＝1m　　$1\text{cm}=\frac{1}{100}\text{m}$　　$1\text{mm}=\frac{1}{10}\text{cm}=\frac{1}{1000}\text{m}$　　$1\text{km}=1000\text{m}$

・面積…基本単位＝1m^2　　$1\text{km}^2=1000\text{m}\times1000\text{m}=1000000\text{m}^2$　　$1\text{ha}=100\text{a}=10000\text{m}^2$

　$1\text{a}=100\text{m}^2$　　$1\text{cm}^2=\frac{1}{10000}\text{m}^2$　　$1\text{mm}^2=\frac{1}{100}\text{cm}^2=\frac{1}{1000000}\text{m}^2$

・体積・容積…基本単位＝1m^3，$1l$　　$1\text{cm}^3=1\text{cc}=1\text{m}l=\frac{1}{1000000}\text{m}^3$

　$1\text{k}l=1\text{m}^3=1000l$　　$1\text{d}l=\frac{1}{10}l$　　$1l=1000\text{cm}^3$

・重さ…基本単位＝1g　　$1\text{kg}=1000\text{g}$　　$1\text{t}=1000\text{kg}=1000000\text{g}$　　$1\text{mg}=\frac{1}{1000}\text{g}$

・時間…1日＝24時間　　1時間＝60分　　1分＝60秒　　1時間＝3600秒

●除法とあまりの還元算では，□＝(わられる数－あまり)÷商　で求める

〔例〕 556÷□＝11あまり6→□＝(556－6)÷11＝50

●概数のとり方

・切りすて…求める位までは残し，それより下の位の数は0とする

〔例〕 1562を十の位で切りすてる→1500

・切り上げ…求める位より下の数が0でないかぎり，求める位の数を1大きくする

〔例〕 1562を十の位で切り上げる→1600

・四捨五入…求める位の1つ下の位の数が4以下のときは切りすて，5以上のときは切り上げる　〔例〕 1562を十の位で四捨五入する→1600

●数の範囲のとり方

・以上…〔例〕 5以上→5をふくみ，5より大きい数

・以下…〔例〕 5以下→5をふくみ，5より小さい数

・未満…〔例〕 5未満→5より小さい数で，5はふくまない

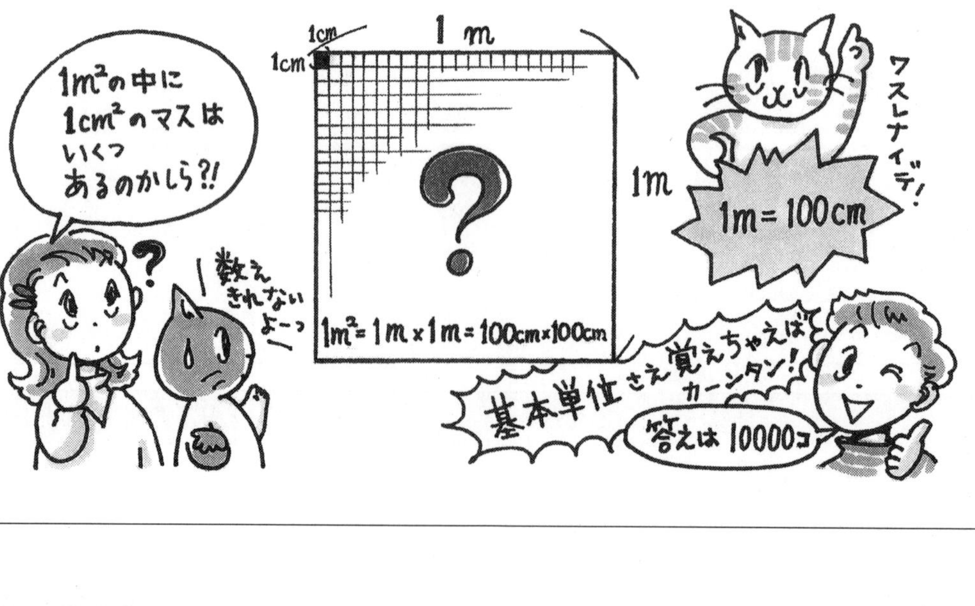

35　除法とあまり①

時間のめやす　25分

□□(1)　5÷0.0006＝□あまり□（商は整数とします。）（須栄女子学院中）

□□(2)　3.69÷0.97＝□あまり□（商は小数第１位まで求め，あまりを出しなさい。）（神奈川大付属中）

□□(3)　3.142÷0.98＝□あまり□（商は小数第１位まで）（芝中）

□□(4)　1.82÷0.9＝□あまり□（商は小数第２位まで）（川村中）

□□(5)　1.45÷0.21の商を整数で求めると商は□，あまりは□です。（光塩女子学院中）

□□(6)　0.5÷1.35の商を小数第２位まで計算したとき，あまりは□になります。（東京女子学園中）

□□(7)　6.3÷1.7を計算しなさい。商は小数第１位まで求め，あまりも出しなさい。（西武学園文理中）

□□(8)　6.05÷1.8の商を小数第１位まで求めると，あまりは□です。（武蔵野女子学院中）

□□(9)　6.047÷0.15の計算で，商を小数第２位まで求めると，商は□で，あまりは□になります。（四天王寺中）

□□(10)　1÷1994の商を，小数第７位まで求め，あまりも答えなさい。（白陵中）

	月　日	計算時間	できた数		月　日	計算時間	できた数
1回	月　日	分		2回	月　日	分	

36 除法とあまり(還元算)②

時間のめやす 25分

□□(1) 24921÷□=64あまり25 （穎明館中）

□□(2) 14.5÷□=3.2あまり0.26 （本郷中）

□□(3) 236.2÷□=17.1あまり0.22 （晃華学園中）

□□(4) 2.78÷1.8=□あまり0.008 （帝塚山学院中）

□□(5) □÷29=13あまり2 （玉川学園中）

□□(6) □÷2.5=3.1あまり0.25 （西南女学院中）

□□(7) □÷3.5=2.4あまり0.05 （品川女子学院中）

□□(8) {444−2×(□×17−5)}÷2.1=5あまり1.5 （早稲田中）

□□(9) 100700を□で割ると，商は223で，あまりは350となります。 （女子聖学院中）

□□(10) ある数を7.3で割ったところ，商が5.8で，あまりが0.16になりました。ある数を求めなさい。 （芝浦工業大学中）

	月　日	計算時間	できた数		月　日	計算時間	できた数
1回	月　日	分		2回	月　日	分	

37 概数(がいすう)と概算

時間のめやす 25分

□□(1) 四捨五入の方法で3.79502を3けたの概数にしたとき，下1けた(答えの最後)の数は［　　］です。 (国士舘中)

□□(2) 四捨五入して百の位まで求めたときの12300人は［　　］人以上［　　］人未満です。 (京北中)

□□(3) 37.8×0.935÷3.42を上から2けたの概数で求めると［　　］です。 (日本大第一中)

□□(4) ある整数の十の位を四捨五入したら45000になりました。この整数は［　　］以上［　　］以下の範囲にあります。 (相模女子大学中)

□□(5) ある整数を6で割って，小数第1位を四捨五入すると7になるとき，もとの整数は，［　　］以上［　　］未満です。(ただし，［　］の中には整数を入れなさい。) (十文字中)

□□(6) 百の位を四捨五入すると，K市の人口は116万2千人，Y市の人口は323万3千人です。この2つの市の人口を合計したとき，最大の人数と最小の人数の差は［　　］人になります。 (昭和女子大付昭和中)

□□(7) 3512×24×821のおよその数はいくつですか。ア～エの中から選びなさい。
ア　700000000　　イ　70000000　　ウ　7000000　　エ　700000 (筑波大付属中)

□□(8) 次の計算の答えを，四捨五入で，十万の位までの概数で求めると［　　］になります。
4321497＋568635－2551702 (四天王寺中)

□□(9) 52.5を加えて小数第1位を四捨五入すると72になる数は，いくつ以上いくつ未満の数ですか。 (大阪教育大付平野中)

□□(10) ある整数を37で割って，小数第2位を四捨五入したら9.5になりました。このような整数をすべて求めなさい。 (慶応普通部)

	月　日	計算時間	できた数		月　日	計算時間	できた数
1回	月　日	分		2回	月　日	分	

38 単位の計算(時間①)

時間のめやす 20分

☐☐(1) 33時間840秒＝☐分 (日出女子学園中)

☐☐(2) 5527秒は☐時間☐分☐秒のことです。 (明治学院中)

☐☐(3) 5109秒は☐時間☐分☐秒です。 (三重中)

☐☐(4) 19時間は☐時間☐分の$1\frac{1}{2}$倍です。 (実践女子学園中)

☐☐(5) 16分×☐＝2時間24分です。 (東京立正中)

☐☐(6) 2時間34分23秒×3＝☐時間☐分☐秒 (武蔵野女子学院中)

☐☐(7) 6時間57分18秒÷18＝☐分☐秒 (淑徳中)

☐☐(8) 1時間24分36秒÷47＝☐分☐秒 (東京女子学院中)

☐☐(9) 33時間45分28秒÷8＝☐時間☐分☐秒 (富士見丘中〈横浜〉)

☐☐(10) 11時38分24秒÷1時☐分☐秒＝6 (ラ・サール中)

	月　日	計算時間	できた数		月　日	計算時間	できた数
1回	月　日	分		2回	月　日	分	

39 単位の計算(時間②)

時間のめやす
25分

□□(1)　5時間13分25秒－2時間51分49秒＝□　(福山暁の星女子中)

□□(2)　1日から14時間50分53秒をひくと□時間□分□秒となります。(佐野日本大学中)

□□(3)　6時間4分÷$2\frac{4}{5}$＝□時間□分　(立正中)

□□(4)　4時間5分15秒÷2分15秒＝□　(大妻多摩中)

□□(5)　18時間51分÷□時間□分＝13　(サレジオ学院中)

□□(6)　1日の$\frac{1}{□}$は7分12秒です。　(江戸川女子中)

□□(7)　$\frac{3}{5}$日は□時間□分です。　(土佐女子中)

□□(8)　$\frac{777}{120}$日は□日□時間□分です。　(城西川越中)

□□(9)　5.31日＝□日□時間□分□秒　(晃華学園中)

□□(10)　0.345日＝□時間□分□秒　(神奈川大付属中)

	月　日	計算時間	できた数		月　日	計算時間	できた数
1回	月　日	分		2回	月　日	分	

40 単位の計算(時間③)

時間のめやす 25分

□□(1) 0.238125日＝□時間□分□秒 (恵泉女学園中)

□□(2) 2日12時間34分×4＝□日□時間□分 (日本女子大付属中)

□□(3) 7日23時間20分×$1\frac{3}{5}$＝□日□時間□分 (芝中)

□□(4) 1日5時間42分÷2時間12分＝□ (日本大学中)

□□(5) 12時間28分17秒×8＝□日□時間□分□秒 (目白学園中)

□□(6) □時間□分□秒×15＝18時間20分 (文京女子大学中)

□□(7) 15時間54分23秒－3時間41分25秒×3＝4時間□分8秒 (跡見学園中)

□□(8) $\left(\text{2時間40分}+\text{6.75時間}+3\frac{1}{4}\text{時間}\right)\div 4$＝□時間□分 (法政大第一中)

□□(9) 5日15時間52分÷4＝□日□時間□分 (大西学園中)

□□(10) 9時間52分＋18時間49分16秒－58分34秒＝□日□時間□分□秒 (大阪信愛女学院中)

	月　日	計算時間	できた数		月　日	計算時間	できた数
1回	月　日	分		2回	月　日	分	

41　単位の計算(長さ)

時間のめやす
25分

□□(1)　10000mmは［　　　］kmです。　(佼成学園女子中)

□□(2)　4 m50cm－2 m75cm＝［　　　］m［　　　］cm　(藤村女子中)

□□(3)　5.9m＋0.92km－32cm－4300mmの答えをmで出しなさい。　(瀧野川女子学園中)

□□(4)　6.2m＋0.092km－280cm＝［　　　］m　(捜真女学校中)

□□(5)　1.3km－125m＋224cm＋［　　　］mm＝1278.24m　(法政大第二中)

□□(6)　2.1km－760m＋29.6m＋1040cm＝［　　　］m　(吉祥女子中)

□□(7)　1.034km－3026cm＋990500mm＝［　　　］m　(大妻多摩中)

□□(8)　6000cm－12m＋48000mm－0.012km＝［　　　］m　(大阪信愛女学院中)

□□(9)　1.07km＋6000mm－72600cm＝［　　　］m　(高輪中)

□□(10)　0.03km＋2500000mm－4200cm－120m＝［　　　］m　(安田学園中)

	月　日	計算時間	できた数		月　日	計算時間	できた数
1回	月　日	分		2回	月　日	分	

42 単位の計算(面積)

時間のめやす
25分

□□(1) 0.35haは[　　]m^2です。 (佼成学園女子中)

□□(2) 1500cm^2の40倍は[　　]m^2です。 (江戸川女子中)

□□(3) 2.7ha－45 a ＋2800m^2＝[　　]ha (攻玉社中)

□□(4) 8.76 a ＋0.173km^2－2236m^2＝[　　]m^2 (桐光学園中)

□□(5) 0.98km^2＋7.3ha－654 a ＝[　　] a (普連土学園中)

□□(6) 570 a －0.02km^2＋3500m^2＝[　　]ha (日本大第二中)

□□(7) 3.2m^2－500cm^2×16－0.55 a ÷25＝[　　]m^2 (湘南学園中)

□□(8) (0.5m^2＋[　　]cm^2×10)÷0.03 a ＝1 (日本大学中)

□□(9) 0.032m^2の0.85倍は[　　]cm^2です。 (智辯学園中)

□□(10) 0.041km^2＋3.5ha＋270 a ＝[　　]m^2 (金光学園中)

	月　日	計算時間	できた数		月　日	計算時間	できた数
1回	月　日	分		2回	月　日	分	

43 単位の計算(重さ・体積)

時間のめやす
25分

☐☐(1) $4.6\text{m}^3=$ ☐ l (女子学院中)

☐☐(2) 50cm^3 は l を単位として表すと ☐ l です。 (日向学院中)

☐☐(3) $0.25\,\text{t}=$ ☐ kg (小野学園女子中)

☐☐(4) $195000\text{cm}^3=$ ☐ m^3 (東京女子学園中)

☐☐(5) $1365\,\text{g}+0.45\text{kg}-960000\text{mg}-0.0007\,\text{t}=$ ☐ g (日本大第一中)

☐☐(6) $\frac{2}{5}l-380\text{m}l+0.2\text{d}l=$ ☐ cm^3 (大妻中)

☐☐(7) $375\text{m}l+8.75\text{d}l+625\text{cm}^3+0.125\,l=$ ☐ l (玉川学園中)

☐☐(8) $1.2\text{m}^3+23l+825000\text{cm}^3+2.7\text{k}l=$ ☐ m^3 (駿台学園中)

☐☐(9) $20.9\,l-5\times$ ☐ $\text{cm}^3=3\times16.4\text{d}l$ (横浜共立学園中)

☐☐(10) $5.25\text{kg}+0.06\text{t}+1250\,\text{g}-2.5\text{kg}+$ ☐ $\text{t}=0.1\text{t}$ (立命館中)

	月　日	計算時間	できた数		月　日	計算時間	できた数
1回	月　日	分		2回	月　日	分	

44 縮　尺

時間のめやす
25分

□□(1) 目白駅と新宿駅は3.6kmはなれています。５万分の１の地図上では何cmはなれていますか。 (川村中)

□□(2) 縮尺［　　］の地図で５cmの長さは，実際には４kmになります。 (郁文館中)

□□(3) １万分の１の地図上で，１haは何cm^2ですか。 (文教大付属中)

□□(4) １kmを５cmに縮小してある地図があります。この地図で60cm^2の面積は実際には何km^2ですか。 (戸板中)

□□(5) 縮尺$\frac{1}{50000}$の地図で16cm^2ある土地の実際の面積は何km^2ですか。 (熊本マリスト学園中)

□□(6) ５万分の１の地図で15haの長方形の土地の１辺を測ったら２cmのとき，他の１辺は［　　］cmです。 (立正中)

□□(7) たての長さが125mで，面積が10000m^2の長方形の土地があります。この土地を$\frac{1}{500}$の縮図にかくとき横の長さは何cmになりますか。 (学習院中)

□□(8) ２万５千分の１の地図で，30cmの距離を毎時４kmで歩くと［　　］時間［　　］分［　　］秒かかります。 (攻玉社中)

□□(9) $\frac{1}{2000}$の縮尺でかいた土地の縮図があります。縮図では，たて４cm，横4.5cmの長方形になっています。この土地の実際の面積は何aですか。 (大谷中〈大阪〉)

□□(10) $\frac{1}{20000}$の縮図があります。この縮図で33cmの直線の道のりを，実際にかずひこ君が２時間で歩くためには，分速［　　］mで歩けばよいです。 (東京学芸大付世田谷中)

	月　日	計算時間	できた数		月　日	計算時間	できた数
1回	月　日	分		2回	月　日	分	

■計算のポイント③

●比例式では，（内項の積）＝（外項の積）が基本

〔例〕　12：5＝2.4：□→12×□＝5×2.4＝12，□＝12÷12＝1

●比の値は，（前項）÷（後項）で求める

〔例〕　2：5の比の値は，$2\div5=\frac{2}{5}$（＝0.4）

●連比は，*A*：*B*，*B*：*C* がわかれば，*B* にそろえて求める

〔例〕　*A*：*B*＝5：6，*B*：*C*＝2：7の連比は，*B*：*C*＝2×3：7×3＝6：21より，*A*：*B*：*C*＝5：6：21と求められる。

●ある数量を *A*：*B* に比例配分するとき，（*A* にあたる数量）＝（ある数量）×$\frac{A}{(A+B)}$，（*B* にあたる数量）＝（ある数量）×$\frac{B}{(A+B)}$

〔例〕　5000円をA君とB君に2：3の割合に分けるとすると，A君は，$5000\times\frac{2}{2+3}=\frac{5000\times2}{5}=2000$（円），B君は，$5000\times\frac{3}{2+3}=\frac{5000\times3}{5}=3000$（円）になる。

● *B* が *A* に反比例するとき，積は一定（*A*×*B* は一定），したがって，*B*＝（一定の数）÷*A* で表される

〔例〕　たがいにかみあっている歯車A（歯数＝40），歯車B（歯数＝52）があり，Aが26回転するとき，Bは何回転するか求めなさいという問題では，歯数と回転数は反比例することに注目する。Bの回転数を x として，積が一定であるから，$52\times x=26\times40$ の式が成り立つ。よって，$x=26\times40\div52=20$（回転）と求められる。

45 比例式①

時間のめやす
20分

□□(1) $\frac{1}{3}:\frac{1}{4}=\square:3$ （日出女子学園中）

□□(2) $0.9:1.5=6:\square$ （芝浦工業大学中）

□□(3) $\frac{3}{4}:0.45=\square:3$ （武蔵野女子学院中）

□□(4) $1\frac{3}{5}:0.4=x:\frac{3}{4}$ （洗足学園大付属中）

□□(5) $\frac{5}{7}:\frac{8}{9}=\square:168$ （江戸川学園取手中）

□□(6) $1\frac{1}{4}:2=(3+\square):6$ （北豊島中）

□□(7) $1\frac{1}{3}:3\frac{1}{5}=5:\square$ （瀧野川女子学園中）

□□(8) $24:\square=6:4$ （東京女子学園中）

□□(9) $2.4:\square=8:5$ （宮崎大付属中）

□□(10) $1\frac{1}{4}:\square=3:2$ （青山学院中）

	月　日	計算時間	できた数		月　日	計算時間	できた数
1回	月　日	分		2回	月　日	分	

46 比 例 式②

時間のめやす
20分

□□(1) $\frac{1}{3}$：□＝12：8 （日本橋女学館中）

□□(2) 2.8：8.4＝□：1 （潤徳女子中）

□□(3) 7.25：x＝2.9：8 （西武学園文理中）

□□(4) 1.5：□＝5：$\frac{8}{5}$ （松蔭中）

□□(5) (6＋□)：12＝9：4 （駿台学園中）

□□(6) $\frac{\square}{5}$：$\frac{5}{6}$＝36：50 （明治学院中）

□□(7) (□÷3＋2)：$\frac{3}{2}$＝1：$\frac{3}{10}$ （文京女子大学中）

□□(8) $\frac{1}{3}$：$\frac{\square+11}{12}$＝$\frac{1}{6}$：0.75 （足立学園中）

□□(9) $\frac{21+\square}{1.3}$：10＝28：14 （国府台女子学院中）

□□(10) $\frac{3}{5}$：$\frac{3}{\square-5}$＝0.4：0.5 （高知学芸中）

	月　日	計算時間	できた数		月　日	計算時間	できた数
1回	月　日	分		2回	月　日	分	

47 単位のついた比例式

時間のめやす 25分

□□(1) $2\frac{2}{5}$時間：4時間12分＝□：7 （本郷中）

□□(2) 1時間：□分＝$\frac{1}{3}$：$\frac{1}{5}$ （鎌倉女学院中）

□□(3) 3時間36分と□時間□分の比は2：3です。 （比治山女子中）

□□(4) 3時間45分26秒：□時間□分□秒＝2：7 （芝中）

□□(5) 12g：□kg＝3：20000 （富士見丘中〈横浜〉）

□□(6) 750l：□m^3＝3：500 （武庫川中）

□□(7) 0.01m^3：10000l＝1：□ （跡見学園中）

□□(8) $3\frac{3}{4}l$：□cm^3＝5：3 （江戸川女子中）

□□(9) 1.2分：8時間＝3cm^3：□l （聖学院中）

□□(10) 1m^2：50cm^2＝□l：2dl （関東学院中）

	月　日	計算時間	できた数		月　日	計算時間	できた数
1回	月　日	分		2回	月　日	分	

48 比と比の値

時間のめやす 30分

□□(1) 2.8 l ：350cm³ の比の値は □ です。 (日本橋女学館中)

□□(2) Aの$\frac{1}{4}$とBの$\frac{1}{6}$が等しい。A：Bの比の値を求めなさい。 (嘉悦女子中)

□□(3) $\frac{4}{7}$に対する$\frac{3}{5}$の比をもっとも簡単な整数の比で表しなさい。 (履正社学園豊中中)

□□(4) $\frac{3}{5}$：0.18 を簡単な整数の比にすると □：□ になります。 (東京女子学園中)

□□(5) $3\frac{11}{12}$：3.45 をもっとも簡単な整数の比で表すと, □：□ となります。 (東京学芸大付竹早中)

□□(6) Aの70％とBの３割５分が等しいとき, A：Bをできるだけ簡単な整数の比で表しなさい。 (駿台学園中)

□□(7) Aの$\frac{4}{3}$倍とBの$\frac{3}{7}$倍が等しいとき, A：Bをなるべく簡単な比で表すと □：□ となります。 (女子聖学院中)

□□(8) Aの$1\frac{4}{5}$倍とBの$2\frac{7}{10}$倍が等しいとき, A：Bをもっとも簡単な整数の比で表すと □：□ です。 (日本大第一中)

□□(9) AがBの$2\frac{3}{4}$のとき, Aの８割とBの120％の比は □：□ です。 (成城学園中)

□□(10) AとBの差がBの$\frac{3}{4}$のとき, A：Bは □：□, □：□ の２通りが考えられます。 (日本女子大付属中)

	月　日	計算時間	できた数		月　日	計算時間	できた数
1回	月　日	分		2回	月　日	分	

49 比の応用①

時間のめやす 30分

□□(1) 100ｇ260円のとり肉を540ｇ買うときの値段は［　　］円です。 （駒込中）

□□(2) 海水150 l から4.5kgの食塩がとれるとき，15.75kgの食塩をとるには何 l の海水が必要ですか。 （京華中）

□□(3) $\frac{4}{5}m^2$ の板に，ぬり残しのないようにぬると，$\frac{2}{3}dl$ のペンキを必要とします。$20m^2$ では何 dl のペンキを必要としますか。 （戸板中）

□□(4) あるペンキ $\frac{1}{5}l$ で，$1.4m^2$ の広さをぬることができます。これと同じこさで $12.6m^2$ の広さをぬるには，何 l のペンキが必要ですか。 （東京学芸大付小金井中）

□□(5) 150ｇで1200円のお茶があります。2000円では，このお茶が［　　］ｇ買えます。 （日本大第一中）

□□(6) Ａの紙の重さは1000枚で400ｇ，Ｂの紙の重さは500枚で250ｇです。Ａ，Ｂ同じ枚数ずつ取り出して，全体の重さをはかったら270ｇでした。何枚ずつはかったことになりますか。 （嘉悦女子中）

□□(7) 10円玉と５円玉の２種類のお金があわせて88枚あります。それぞれの金額の比は５：３です。このとき10円玉は［　　］枚あります。 （昭和女子大付昭和中）

□□(8) 100円硬貨と50円硬貨と10円硬貨が合わせて30枚あって，それぞれの硬貨の合計金額の比は３：１：１です。100円硬貨は何枚ありますか。 （実践学園中）

□□(9) ７個の重さが２kgの鉄球３個の重さは［　　］kgです。 （大阪女学院中）

□□(10) ローソクに火をつけてから５分後の長さは22cm，25分後の長さは14cmになりました。火をつけはじめたときのローソクの長さは［　　］cmです。 （ノートルダム女学院中）

	月　日	計算時間	できた数		月　日	計算時間	できた数
１回	月　日	分		２回	月　日	分	

50 比の応用②

時間のめやす 35分

☐☐(1) 1mの棒をまっすぐに立てたら，その影が72cmでした。そのときに，高さ［　　］mの木の影は4m32cmになっています。 （湘南学園中）

☐☐(2) 大小2つの円があり，大きい円と小さい円の面積の比は25：4です。このとき，大きい円の半径は小さい円の半径の何倍ですか。 （江戸川女子中）

☐☐(3) オーストラリアの通貨単位を「オーストラリアドル」といい，フィリピンの通貨単位を「ペソ」といいます。1オーストラリアドルが71.7円であり，1ペソが2.1円であるとき，210オーストラリアドルは［　　］ペソです。 （佼成学園中）

☐☐(4) ある数とその数の$\frac{1}{7}$をたすと264になります。ある数は［　　］です。 （青山学院中）

☐☐(5) 布地を3.6m買って3300円払いました。この布地を4.8m買ったら値段は何円ですか。（消費税は考えない。） （茨城中）

☐☐(6) A君とB君の走る速さの比は4：3です。B君が3時間24分かかる距離（きょり）をA君は［　　］時間［　　］分かかります。 （成城学園中）

☐☐(7) 時速3.5kmで4.2分間進んだ距離と，分速840mで7時間進んだ距離との比を，もっとも簡単な整数の比で表すと［　　］です。 （法政大第一中）

☐☐(8) 1時間に4分進んでしまう時計があります。この時計を午前7時に正しく合わせました。時計が午後2時をさしているとき，正しい時刻は何時何分何秒ですか。（頌栄女子学院中）

☐☐(9) yはxに比例し，xが$3\frac{1}{2}$のときyは5になります。xが5のときのyの値を求めなさい。 （鈴鹿中）

☐☐(10) Aさんの51aの水田から［　　］kgの米がとれ，Bさんの6.8haの水田からは34000kgの米がとれたので，1aあたりの生産量は同じになりました。 （三重大付属中）

	月　日	計算時間	できた数		月　日	計算時間	できた数
1回	月　日	分		2回	月　日	分	

51 連　比

時間のめやす 25分

□□(1) $A:B=3:8$, $B:C=12:13$ のとき，$A:B:C=$ □ : □ : □

(品川女子学院中)

□□(2) $A:B=3:2$, $B:C=\frac{2}{5}:\frac{1}{3}$ のとき，$A:B:C=$ □ : □ : □

(立正中)

□□(3) 3つの数A，B，Cがあります。AはBの$\frac{9}{14}$倍で，BはCの$\frac{7}{4}$倍のとき，$A:B:C$をもっとも簡単な整数の比で表しなさい。

(大妻多摩中)

□□(4) Aの$\frac{1}{3}$とBの$\frac{1}{4}$が等しく，AがCの24%に等しいとき，$A:B:C$をもっとも簡単な整数の比で表しなさい。

(成蹊中)

□□(5) $A:B=\frac{1}{3}:\frac{1}{4}$，$B:C=\frac{1}{5}:\frac{1}{6}$ のとき，$A:B:C=$ □ : □ : □

(浅野中)

□□(6) $A:B=\frac{1}{9}:\frac{2}{7}$，$B:C=\frac{1}{2}:\frac{4}{3}$ のとき，$A:B:C$をもっとも簡単な整数の比で表すと □ : □ : □ です。

(武蔵野女子学院中)

□□(7) $A:B=2\frac{1}{3}:5\frac{1}{4}$，$A:C=2\frac{1}{2}:1$ のとき，$B:C=$ □ : □（もっとも簡単な整数で表すこと。）

(聖学院中)

□□(8) A，B，Cの3つの数があります。Aの3倍とBの10倍とCの6倍が等しいとき，$A:B:C$を簡単な整数の比で表しなさい。

(明治学院中)

□□(9) (20の1割)：(［ア］の25%)：$\left(26\text{の}\frac{2}{13}\text{倍}\right)=$［イ］：3：2

(市川中)

□□(10) A，B 2人の所持金の比は3：4で，B，C 2人の所持金の比は6：5です。AとCの所持金の比を，できるだけ小さい整数の比で表しなさい。

(鈴鹿中)

	月　日	計算時間	できた数		月　日	計算時間	できた数
1回	月　日	分		2回	月　日	分	

52 比例配分

時間のめやす
30分

□□(1) 砂とセメントを7：2の割合でまぜたら5.4kgありました。この中にセメントは□kgあります。 (千代田女学園中)

□□(2) A小学校の児童数は207人です。男子と女子の人数の比が12：11ならば男子は何人ですか。 (柳学園中)

□□(3) 1100円を兄弟2人で分けるとき，兄が弟の2割増しとすると，弟はいくらもらえますか。 (神奈川大付属中)

□□(4) 兄と弟が合わせて2400円のお金を持っています。兄が弟に400円あげると，兄と弟の持っているお金の比が5：3になります。兄ははじめに□円持っていることになります。 (帝塚山学院中)

□□(5) 6500円を2人で5：8に分けることにしました。2人の金額の差は□円になります。 (東京女子学園中)

□□(6) ある日の昼の長さと夜の長さの比が8：7になっているとき，この日の昼の長さは何時間何分ですか。 (京華女子中)

□□(7) 116枚のカードをA，B，Cの3人で分けます。BはAの3倍，CはBの60％もらうとするとCは何枚もらうことになりますか。 (明星中・女子部)

□□(8) 1冊150円，200円，250円の3種類のノートを合計で18冊買いました。その冊数の比は2：1：3です。このとき，代金は□円となります。 (富士見中)

□□(9) 三角形の3つの内角の大きさの比が1：3：6になっています。このうちもっとも大きい角は，□度です。 (富士見丘中〈横浜〉)

□□(10) 16haの土地をA君，B君，C君の3人で17：9：6の比に分けることにしました。B君が分けてもらった土地の広さは，何m^2ですか。 (横浜国立大付横浜中)

	月　日	計算時間	できた数		月　日	計算時間	できた数
1回	月　日	分		2回	月　日	分	

53 反比例

時間のめやす
30分

□□(1) A，B 2つの歯車がたがいにかみあっています。Aの歯数が50で，Bの歯数が35です。Bが10回転するとき，Aは［　　］回転します。 (京北中)

□□(2) 2つがたがいにかみあっている歯車Aと歯車Bがあって，その歯数は，Aは24，Bは38です。Aの回転数とBの回転数の比をもっとも簡単な整数の比で表しなさい。 (聖徳学園中)

□□(3) 歯数45の歯車Aと，歯数30の歯車Bとがかみあっています。Aを毎分24回転でまわすとき，Bは毎分［　　］回転します。 (日本大第一中)

□□(4) y l が x 分に反比例するとき，x の値が1.25倍になると，y の値は［　　］倍になります。 (洗足学園大付属中)

□□(5) 2つの量 A と B があって，B は A に反比例するとき，A が20から5に減ると，B は何倍になりますか。 (西南女学院中)

□□(6) 2つの量 x と y があって，y から5をひいた値が，x に反比例しています。x が14のとき，y は17でした。x が8のときの y の値を求めなさい。 (共立女子中)

□□(7) y が x に反比例し，$x=12$ のとき，$y=49.5$ です。このとき，$x=$［　　］ならば，$y=7.92$ になります。 (日本大第二中)

□□(8) 3つの数 x，y，z があって，y は x に比例し，z は y に反比例しています。$x=2$ のとき $y=6$，$z=4$ ならば，$x=6$ のとき $z=$［　　］です。 (横浜共立学園中)

□□(9) y は x に反比例し，ある x の値を5ふやしたら y の値が $\frac{5}{8}$ 倍になりました。x のはじめの値は［　　］です。 (学習院女子中)

□□(10) たがいにかみあっている歯車A，Bがあって，Aの歯数は72，Bの歯数は28です。また，Aは1分間に $1\frac{2}{3}$ 回転します。このときBは70秒間に［　　］回転します。 (大阪星光学院中)

	月　日	計算時間	できた数		月　日	計算時間	できた数
1回	月　日	分		2回	月　日	分	

■計算のポイント④

●約数は，ある数を割りきることのできる整数，倍数は，ある数の整数倍になっている数

〔例〕 18の約数は，1，2，3，6，9，18の6個ある。

3の倍数は，3，6，9，12，15，18，…，と範囲を限らないかぎり無数にある。

●倍数の見分け方

- 2の倍数…一の位が0，2，4，6，8の数
- 5の倍数…一の位が0，5の数
- 4の倍数…下2けたが00か，4の倍数
- 3の倍数…各位の数字の和が3の倍数
- 6の倍数…3の倍数で一の位が偶数
- 9の倍数…各位の数字の和が9の倍数

●数の性質で，分数の大小は通分して比べるが，分子をそろえても比べられる

〔例〕 $\frac{1}{4}$，$\frac{2}{7}$，$\frac{3}{11}$を大きい順に並べかえるとき，分子を6にそろえると，$\frac{1}{4}=\frac{1\times6}{4\times6}=\frac{6}{24}$，$\frac{2}{7}=\frac{2\times3}{7\times3}=\frac{6}{21}$，$\frac{3}{11}=\frac{3\times2}{11\times2}=\frac{6}{22}$となるから，$\frac{2}{7}$，$\frac{3}{11}$，$\frac{1}{4}$の順になる。

※分子をそろえた場合，分母が小さいほうが大きい分数となる。

●循環小数は，小数点以下いくつかの数のまとまりのくり返し

〔例〕 $\frac{2}{11}$を小数になおしたとき，小数第26位の数は何かという問題では，$\frac{2}{11}=2\div11=$ 0.181818…と，小数点以下の数字は1，8の2つの数字のくり返しになるから，$26\div2=13$より，小数第2位の数字と同じ8が答えになる。

●規則性の問題では，数の差や，くり返しに注目する

〔例①〕 1，3，□，7，9，11，…，という数の列の□を求める問題で，$3-1=2$，$9-7=2$，$11-9=2$より，2ずつふえているから，$□=3+2=5$とわかる。

〔例②〕 ○○●○●○○●○●○○●○●○○…と並んでいるご石において48番目のご石は黒か白かという問題で，○○●○●の5個のご石のくり返しになっていることに注目すると，48番目のご石は，$48\div5=9$あまり3より，○○●だから黒である。

1 2 3

ただ数えるのはアキちゃったよ…
38,39,40…
ブツブツ…

54 約　数

時間のめやす
30分

□□(1) 60の約数は ☐ 個あります。 (佼成学園女子中)

□□(2) 144の約数は ☐ 個です。 (品川女子学院中)

□□(3) 18と24の公約数は ☐ 個あります。 (賢明女子学院中)

□□(4) 71と218のどちらを割っても 8 あまる整数を求めなさい。 (学習院中)

□□(5) 36の約数を全部加えると ☐ になります。 (法政大第一中)

□□(6) 48と72の公約数の和は ☐ です。 (桐光学園中)

□□(7) 73をある整数で割ったとき，あまりが 7 になる整数のうちで，もっとも小さい整数は，☐ です。 (関西大第一中)

□□(8) 108，136のどちらを割ってもあまりが10となる整数は ☐ です。 (東洋英和女学院中)

□□(9) 115を割っても，139を割っても，199を割っても 7 あまる数は ☐ です。 (慶応中等部)

□□(10) 6 の約数は全部で 1，2，3，6 の 4 個です。このすべての約数の和は，$1+2+3+6=12$となります。さて，360の約数は 1 と360をふくめて全部で24個ありますが，その和を求めなさい。 (法政大第二中)

	月　日	計算時間	できた数		月　日	計算時間	できた数
1回	月　日	分		2回	月　日	分	

55　倍　数

時間のめやす　30分

□□(1)　4，6，7の最小公倍数を求めなさい。（武蔵野女子学院中）

□□(2)　4でも6でも割りきれる数で，100にもっとも近い数はいくつですか。（明星中・男子部）

□□(3)　5で割っても8で割っても3あまる整数で200に一番近いものを求めなさい。（茨城中）

□□(4)　8，9，12のどれで割っても5あまる，もっとも小さい整数は［　　　］です。（暁星国際中）

□□(5)　4で割っても，5で割っても2あまる整数は，100から200までにいくつありますか。（ノートルダム清心中）

□□(6)　1から100までの整数で，3の倍数であって4の倍数でない数はいくつありますか。（跡見学園中）

□□(7)　91から108までの整数の中で，2の倍数でも3の倍数でもない整数は［　　　］個あります。（大阪女学院中）

□□(8)　9と15と105の3つの数の公倍数のうち，もっとも小さい偶数で0でないものは，［　　　］です。（富士見丘中〈横浜〉）

□□(9)　4けたの整数1234から，なるべく小さい2けたの整数をひいて7の倍数にするには，どんな数をひけばよいですか。（駿台学園中）

□□(10)　2けたの整数の中で6でも8でも割りきれない整数はいくつありますか。（神戸女学院中）

	月　日	計算時間	できた数		月　日	計算時間	できた数
1回	月　日	分		2回	月　日	分	

56 数の性質①

時間のめやす 30分

□□(1) 連続する3つの偶数の和が84であるとき，最大のものはいくつですか。
(瀧野川女子学園中)

□□(2) ある同じ数を2個かけ合わせると289になりました。ある数はいくつですか。
(明星中・男子部)

□□(3) 連続する4つの整数を合計したら1050になりました。4つの整数の中で最小のものは□です。
(法政大第二中)

□□(4) 1から10までの整数を全部かけ合わせると，下1けたから下□けたまで連続して0が並びます。
(日向学院中)

□□(5) ある奇数を7で割ると4あまります。この奇数の10倍を125で割ったとき，その商の小数第1位を四捨五入すると50になります。この奇数を求めなさい。
(サレジオ学院中)

□□(6) $\frac{2}{7}$より大きく，$\frac{3}{8}$より小さい分数で，分子が9ならば分母は□です。
(芝浦工業大学中)

□□(7) 分子と分母の和が330で，約分すると$\frac{9}{13}$になる分数があります。この分数の分母は□です。
(目黒星美学園中)

□□(8) $\frac{47}{\square}$は$\frac{23}{30}$と$\frac{19}{24}$の間にある分数の1つです。
(大妻多摩中)

□□(9) $10\frac{1}{2}$をかけても$4\frac{2}{3}$をかけても，その積が整数になる分数のうちでもっとも小さいものは□です。
(比治山女子中)

□□(10) $2<\frac{24}{\square}<4$の□にあてはまる整数はいくつありますか。その個数を求めなさい。
(西武学園文理中)

	月 日	計算時間	できた数		月 日	計算時間	できた数
1回	月 日	分		2回	月 日	分	

57 数の性質②

時間のめやす 35分

□□(1) 分子と分母の差が49で，約分すると$\frac{5}{12}$になるのは□です。 （立正中）

□□(2) $\frac{1}{5}<\frac{2}{\square}<\frac{1}{4}$（□は，整数とします。） （山手学院中）

□□(3) 3つの分数$9\frac{1}{3}$，$10\frac{8}{9}$，$11\frac{1}{5}$をある分数で割り算すると，3つとも整数になります。ある分数のうち，もっとも大きい数は□です。 （明治大付中野八王子中）

□□(4) ある数xは1：2：3に分けても4：5：6に分けてもすべて整数になります。この数xのうち一番小さいものは□です。 （国学院大久我山中）

□□(5) 1から30までの整数をすべてかけた数，1×2×3×……×30は，一の位から0が□個並びます。 （西大和学園中）

□□(6) ある数を13で割ると，あまりが7になります。このときの商を7で割ると，あまりが5になります。さらに，この商を5で割ると商が1で，あまりが3になります。ある数は□です。 （昭和女子大付昭和中）

□□(7) ある整数を4倍してから，15をひき，一の位を四捨五入すると，ちょうど100になりました。そのような整数は，全部で□個あります。 （日本大第一中）

□□(8) 0と1の間にあって，分母が11より小さい分数がいくつかあります。そのうち約分できないもので，分母と分子の差が2である分数を全部たすと□になります。 （聖光学院中）

□□(9) ある数Aに79をかけるところをまちがって49をかけたところ，結果が4けたになるはずが3けたになりました。また，79をAで割ったところ4あまりました。Aは□です。 （大阪星光学院中）

□□(10) 1より大きい7の倍数が3つあります。その和は140で，一番大きい数と真ん中の数の差は56です。一番大きい数は□です。 （青山学院中）

	月　日	計算時間	できた数		月　日	計算時間	できた数
1回	月　日	分		2回	月　日	分	

58 数の性質③

時間のめやす
35分

□□(1) 分子と分母の和が91で，約分すると$\dfrac{4}{9}$になる分数があります。この分数の分母はいくらですか。 (三輪田学園中)

□□(2) $\dfrac{7}{17}$と$\dfrac{8}{17}$の間の分数で，分母が20のものを求めなさい。 (日本大第三中)

□□(3) $\dfrac{1}{4}$より大きく$\dfrac{5}{6}$より小さい分数のうち，分母が24で，それ以上約分のできない分数はいくつありますか。 (明治学院中)

□□(4) $\dfrac{15}{17}$と$\dfrac{21}{23}$の間にある分数の分子が105で，これ以上約分できない数をすべて求めなさい。 (雙葉中)

□□(5) 2つの整数AとBの和は135です。Aの$\dfrac{5}{7}$はBの$\dfrac{8}{13}$に10を加えた数と等しくなります。このとき整数Aはいくつですか。 (成蹊中)

□□(6) $D=1\times2\times3\times4\times5\times6\times\cdots\cdots\times49\times50$とします。この数$D$を，6で割りきれなくなるまで何回も割ります。何回割れるか，その回数を求めなさい。 (浅野中)

□□(7) 1から50までの整数をすべてかけた数$1\times2\times3\times\cdots\cdots\times49\times50$は，終わりに0がいくつ並びますか。 (東大寺学園中)

□□(8) 2つの分数$\dfrac{17}{\boxed{\text{ア}}}$と$\dfrac{\boxed{\text{イ}}}{34}$があります。どちらの分数も1より小さく，これ以上約分できません。また，この2つの分数の積は$\dfrac{5}{16}$です。$\boxed{\text{ア}}$，$\boxed{\text{イ}}$にあてはまる整数の組をすべて求めなさい。 (桜蔭中)

□□(9) 次の□，○の中にあてはまる整数を求めなさい。

$$\frac{1}{\square}+\frac{\bigcirc}{4}=\frac{11}{12}$$

(筑波大付属中)

□□(10) 次の帯分数の計算で$\boxed{\text{ア}}$，$\boxed{\text{イ}}$にあてはまる数を求めなさい。

$$3\frac{\boxed{\text{ア}}}{13}\div2\frac{\boxed{\text{イ}}}{7}=1\frac{1}{13}$$

(市川中)

	月　日	計算時間	できた数		月　日	計算時間	できた数
1回	月　日	分		2回	月　日	分	

59 循環(じゅんかん)小数

時間のめやす 30分

□□(1) $\frac{5}{27}$ を小数で表したとき，小数第20位の数字は ☐ です。 (十文字中)

□□(2) $\frac{4}{27}$ を小数で表すと，小数第20位はどんな数になりますか。 (熊本マリスト学園中)

□□(3) $\frac{150}{1111}$ を小数で表したとき，小数第50位の数は ☐ です。 (文京女子大学中)

□□(4) 12を111で割ったときの小数第100位の数字を求めなさい。 (成蹊中)

□□(5) 3÷7を小数になおすと，小数第100位の数字は ☐ です。 (千代田女学園中)

□□(6) $\frac{2}{13}$ を小数になおすと，小数第33位の数字は ☐ です。 (立正中)

□□(7) 1÷7 を小数で表すとき，小数第35位の数字を求めなさい。 (埼玉大付属中)

□□(8) $\frac{5}{7}$ を小数で表すと，小数第100位の数字は ☐ です。 (松蔭中)

□□(9) 1993÷7 を計算したとき，小数第50位の数は何ですか。 (東大寺学園中)

□□(10) $\frac{893}{1110}$ の小数第１位から小数第33位までにあらわれる数字をすべてたすといくらになりますか。たとえば，$\frac{101}{621}$＝0.162… の小数第１位から小数第３位までにあらわれる数字をたすと，1＋6＋2＝9 になります。 (市川中)

	月　日	計算時間	できた数		月　日	計算時間	できた数
1回	月　日	分		2回	月　日	分	

60 規則性①

時間のめやす 25分

次の(1)～(10)の数の列はある規則にしたがって並んでいます。□にあてはまる数を求めなさい。

(1) 1, 2, 3, 5, 8, 13, 21, □, …… （東京家政学院中）

(2) 1, 9, 2, 7, 3, □, 4, 3 （京北中）

(3) 1, 4, 9, ①, ②, 36, …… （江戸川学園取手中）

(4) 92, 91, 89, ①, 82, ②, …… （洗足学園大付属中）

(5) $\frac{1}{3}$, $\frac{5}{9}$, □, $\frac{11}{81}$, $\frac{17}{243}$, …… （東京女子学園中）

(6) $\frac{1}{3}$, $\frac{3}{5}$, $\frac{5}{7}$, ……, $\frac{19}{\square}$ （玉川学園中）

(7) $\frac{1}{6}$, $\frac{1}{3}$, $\frac{1}{2}$, □, $\frac{5}{6}$, 1, $\frac{7}{6}$, …… （品川女子学院中）

(8) $\frac{1}{19}$, $\frac{3}{47}$, $\frac{7}{93}$, $\frac{2}{23}$, $\frac{9}{91}$, $\frac{1}{9}$, $\frac{11}{89}$, $\frac{3}{22}$, $\frac{13}{87}$, ……, □, $\frac{97}{3}$ （白陵中）

(9) $\frac{1}{2}$, $\frac{3}{5}$, $\frac{5}{8}$, $\frac{7}{11}$, □, $\frac{11}{17}$, …… （西武学園文理中）

(10) (1＋1)×2, (3＋5)×8, ……, (9＋17)×26, (□＋□)×□, …… （日本女子大付属中）

	月　日	計算時間	できた数		月　日	計算時間	できた数
1回	月　日	分		2回	月　日	分	

61 規 則 性②

時間のめやす
30分

□□(1) 数の列が5, 8, 11, 14, 17, 20, …… と続くとき, 20番目の数は ＿＿ です。 (茨城中)

□□(2) 次のように, あるきまりにしたがって数が並んでいます。102番目の数は ＿＿ です。
1, 1, 2, 1, 1, 2, 3, 2, 1, 1, 2, 3, 4, 3, 2, 1, …… (城北中)

□□(3) 1, 2, 3, 5, 8, 13, ……のように, 数字があるきまりにしたがって並んでいます。はじめから８番目の数を求めなさい。 (長崎大付属中)

□□(4) あるきまりにしたがって, 次のように数字が並んでいます。このとき, 一番最初の数字から数えて130番目の数字は何でしょう。
1, 1, 2, 1, 2, 3, 1, 2, 3, 4, …… (立命館中)

□□(5) 次のように, 同じ数字が３個ずつ１から順に並んでいます。
1, 1, 1, 2, 2, 2, 3, 3, 3, 4, 4, 4, 5, 5, 5, ……
はじめから数えて151番目の数を求めなさい。 (東邦大付東邦中)

□□(6) 1 2 3 4 5 6 2 3 4 5 6 7 3 4 5 6 7 8 4 5 6……と整数が並んでいます。100番目の数は何ですか。 (江戸川学園取手中)

□□(7) 1, $\frac{1}{3}$, $\frac{1}{4}$, $\frac{2}{9}$, $\frac{5}{24}$, $\frac{1}{5}$, $\frac{7}{36}$, $\frac{4}{21}$, $\frac{3}{16}$, …… とある規則にしたがって並べられた分数の列があります。第11番目の分数を答えなさい。 (東京女学館中)

□□(8) 次のように, ある規則にしたがって数が並んでいます。
1, $\frac{1}{2}$, 1, $\frac{1}{3}$, $\frac{2}{3}$, 1, $\frac{1}{4}$, $\frac{2}{4}$, $\frac{3}{4}$, 1, ……
31番目にある数はいくつですか。 (京華中)

□□(9) ある規則によって並んでいる数の列, $\frac{1}{6}$, $\frac{1}{24}$, $\frac{1}{60}$, $\frac{1}{120}$, …… があります。各数の分母をそれぞれ３つの整数の積にすると規則がみつかります。この数の列の10番目の数を求めなさい。 (跡見学園中)

□□(10) 帯分数があるきまりにしたがって, 次のように並んでいます。
$1\frac{2}{3}$, $4\frac{5}{6}$, $7\frac{8}{9}$, $10\frac{11}{12}$, ……
100番目の分数を求めなさい。 (神戸女学院中)

	月　日	計算時間	できた数		月　日	計算時間	できた数
1回	月　日	分		2回	月　日	分	

62 規則性③

時間のめやす
30分

□□(1) 次のように，白と黒のご石が，あるきまりにしたがって順に250個並んでいます。
○●●○○○●○○●●○○○●○○●●○○○●○○●……
はじめから数えて131番目のご石は，白ですか，黒ですか。 (立正中)

□□(2) ○●●○●○○○●●○●○○○●●……のような規則で白と黒のご石が一列に80個並んでいます。このご石の中に白石は何個ありますか。 (明星中・男子部)

□□(3) ご石が次のように，ある規則にしたがって並んでいます。
○●○○●○●○○●○●○○●○●○……
左から，100番目までに白のご石は何個ありますか。 (鈴鹿中)

□□(4) ご石を次のように順に111個並べます。このとき，黒い石を全部で何個使いますか。
○○○●○○●●○○○●○○●●○○○●○○●●○○○…… (吉祥女子中)

□□(5) １周216mの池のまわりに５色の旗が２mおきに次の順番で立ててあります。
赤，青，黄，赤，緑，白，赤，青，黄，赤，緑，白，赤，青，黄，赤，……
赤い旗は全部で何本ありますか。 (捜真女学校中)

□□(6) 次のように，整数があるきまりにしたがって並んでいます。
1，2，3，2，3，4，3，4，5，4，5，6，5，6，7，6，……
はじめて15があらわれるのは，左から数えて何番目ですか。 (同志社香里中)

□□(7) 次のように左から順に数が並んでいるとき，$\frac{3}{11}$は何番目の数ですか。
$\frac{1}{1}$，$\frac{1}{3}$，$\frac{2}{3}$，$\frac{3}{3}$，$\frac{1}{5}$，$\frac{2}{5}$，$\frac{3}{5}$，$\frac{4}{5}$，$\frac{5}{5}$，…… (桐光学園中)

□□(8) 整数を1，2，2，3，3，3，4，4，4，4，5，……という規則で並べていくとき，はじめて７が出てくるのは，最初の１から数えて何番目ですか。 (学習院中)

□□(9) １からはじまる整数1，2，3，4，5，……から，２の倍数と３の倍数を除いて並べると1，5，7，11，13，17，19，……となります。163は何番目の数ですか。 (巣鴨中)

□□(10) 0，1，2だけを使った数を，小さい方から並べます。
0，1，2，10，11，12，20，21，22，100，101，102，110，111，112，120，……
この中で，1120は［　　　］番目です。 (ラ・サール中)

	月　日	計算時間	できた数		月　日	計算時間	できた数
1回	月　日	分		2回	月　日	分	

63 規 則 性④

時間のめやす
35分

□□(1) 5から50までの整数のうち，4で割ると小数第1位が2になる整数は全部で［　　］個です。 （国学院大久我山中）

□□(2) ある紙にタイプライターで数字5，3，2，4，6，7，8をこの順で，くり返して何度も打ちました。最初の数字5から1000字目までの数の和は［　　］です。 （大阪女学院中）

□□(3) 1，2，4，8，16，32，……というように1から順に前の数を2倍した数が並んでいます。6番目から10番目までの数の和は［　　］です。 （慶応中等部）

□□(4) 10から29までの整数があります。すべての奇数の和と，すべての偶数の和との差を求めなさい。 （市川中）

□□(5) 1から288までの整数を1個ずつかいたとき，数字0は［　　］回かきます。 （日本女子大付属中）

□□(6) 1から99までの数を，123456789101112131415……9899のようにかきならべて，1つの数をつくります。この数は何けたですか。 （奈良女子大付属中）

□□(7) 次のように，あるきまりにしたがって数が並んでいます。

1，2，2，3，3，3，4，4，4，4，5，5，5，5，5，6，……

100番目の数は何ですか。 （神戸女学院中）

□□(8) 6＝1＋2＋3，38＝8＋9＋10＋11です。1992をこのようにある整数からはじまり1ずつふえてゆく16個の整数の和で表すとき，はじめの整数は［　　］です。 （灘中）

□□(9) ある規則にしたがって，次のように分数が並んでいます。

$\frac{1}{1000}$，$\frac{5}{997}$，$\frac{9}{994}$，$\frac{13}{991}$，$\frac{17}{988}$，$\frac{21}{985}$，……

はじめから60番目の分数の，分母と分子の数の和はいくらですか。 （ラ・サール中）

□□(10) すべてのページに1から順にページ番号がふってある本があります。この本のページ番号に使われている数字1，2，……，9，0の個数をすべて数えたら，6389個でした。この本は全部で何ページありますか。 （麻布中）

	月　日	計算時間	できた数		月　日	計算時間	できた数
1回	月　日	分		2回	月　日	分	

■計算のポイント⑤

●日暦算では，月と週の日数をしっかりおぼえておく

・1か月が31日の月…1月，3月，5月，7月，8月，10月，12月

・1か月が30日の月…4月，6月，9月，11月

・1か月が28日の月…2月(うるう年は29日)　・1週間＝7日

●約束記号の計算では，約束にしたがって順序正しく数をあてはめる

〔例〕 $A*B$ を $A\times B-B$ と計算する約束があるとき，$3*5=3\times5-5=15-5=10$ と求められる。

●場合の数では樹形図をかいたり，計算式で求める

〔例①〕 A，B，Cの3人が一列に並ぶ場合の数は，右のように樹形図をかくと，6通りあるとわかる。または，計算式で，1番目はA，B，Cの3通り，2番目は1番目の残りの2通り，3番目は1通りあるから，$3\times2\times1=6$(通り)あると求められる。

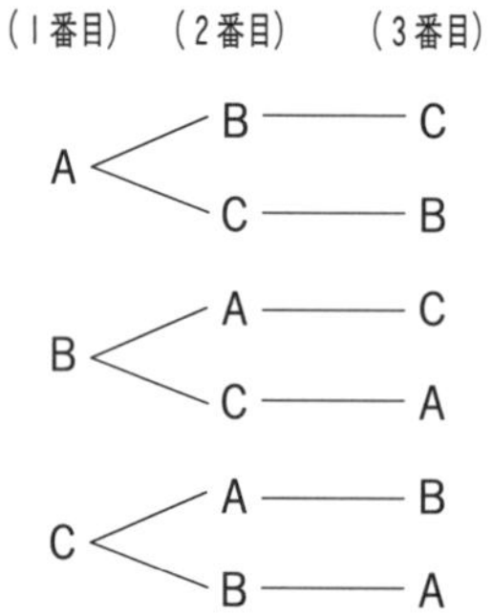

〔例②〕 [1]，[2]，[3]，[4]の4枚のカードを使って4けたの数をつくる場合，何通りの数ができるかという問題では，千の位には[1]，[2]，[3]，[4]のいずれかがあてはまるから4通り，百の位にはその残りの3通り，十の位は2通り，一の位は1通りあるから，全部で，$4\times3\times2\times1=24$(通り)と計算で求められる。

64　日 暦 算

時間のめやす
30分

□□(1)　今日は２月２日です。今日から100日前は10月［　　］日でした。　（国学院大久我山中）

□□(2)　１年のちょうど真ん中の日は［　　］月［　　］日です。ただし１年は365日とします。　（頌栄女子学院中）

□□(3)　ある年の５月１日は水曜日でした。この年の７月の最後の日は何曜日ですか。　（プール学院中）

□□(4)　ある年の６月14日が日曜日ならば，10月５日は［　　］曜日です。　（桐光学園中）

□□(5)　３月のある週の日曜日から土曜日までの日付の数を合計したら119でした。その年の８月の第３日曜日は，８月［　　］日です。　（慶応中等部）

□□(6)　ある月のはじめの日は月曜日で，その月の最後の日は日曜日でした。次の月の最後の日は何曜日になりますか。　（筑波大付属中）

□□(7)　1994年の２月４日は金曜日です。今年はあと［　　］回金曜日があります。　（池田中）

□□(8)　1994年２月２日は水曜日です。1987年１月１日は何曜日だったか求めなさい。（この間では，1988年と1992年は，うるう年です。）　（吉祥女子中）

□□(9)　1992年の４月１日は水曜日でした。1997年の４月１日は［　　］曜日になります。ただし，1996年はうるう年です。　（洗足学園大付属中）

□□(10)　199［　　］年［　　］月17日は火曜日でした。この日の次にはじめて17日が火曜日であった月は1993年８月です。ただし，1992年はうるう年です。　（芝中）

	月　日	計算時間	できた数		月　日	計算時間	できた数
1回	月　日	分		2回	月　日	分	

65 約束記号

時間のめやす 30分

□□(1) $A※B$ を $A\times B+B$ と計算する約束があります。4※(3※6)の答えを求めなさい。
（川村中）

□□(2) いま，$A*B=A\times B+A-B$ と定めます。このとき，$(3*2)*4$ の値を求めなさい。
（立命館中）

□□(3) $A※B=A\times B-A$，$A☆B=A\times B+B$のとき，(5※4)☆ □ ＝48 です。
（目白学園中）

□□(4) 2つの数 a，b に対して $a\times b+a$ を $a\#b$ と表します。□ #5＝8#2 にあてはまる □ を求めなさい。
（東京女学館中）

□□(5) 記号＊は，$a*b=(a-b)\div(a+b)$ を表します。このとき，次の計算をしなさい。
$\dfrac{9*6}{8*7}*\dfrac{10*1}{7*4}$
（関東学院中）

□□(6) $A☆B$を次のように約束することにします。
$A☆B=3-\dfrac{1}{A}+2\times B$
このとき，(2☆3)＋(4☆5)は，いくつになりますか。
（金城学院中）

□□(7) (7☆3)＝7×8×9 のように(7☆3)を 7 から 1 つずつ大きくなる整数を 3 つかけることと約束するとき，$\dfrac{(15☆3)-(16☆2)}{(14☆4)}=$ □ です。
（山手学院中）

□□(8) 2つの数A，Bについて，$A\circ B=\dfrac{A+B}{A-B}$ ときめます。たとえば，$3\circ2=\dfrac{3+2}{3-2}=5$ となります。このとき，$(5\circ4)\circ3$ はいくらになりますか。
（東山中）

□□(9) 整数 x のすべての約数の和を＜ x ＞で表すことにします。たとえば，＜6＞＝1+2+3+6＝12 です。次の計算をしなさい。
＜＜9＞+5＞
（フェリス女学院中）

□□(10) 記号 $a*b$ を $a*b=\dfrac{a\times2}{a+b}$，記号 $a\circ b$ を $a\circ b=(a+b)\times2$ と計算します。たとえば，$2*3=\dfrac{2\times2}{2+3}=\dfrac{4}{5}$，$2\circ3=(2+3)\times2=10$ になります。このとき，$(4*5)\circ6$ を計算すると □ になります。
（明治大付明治中）

	月 日	計算時間	できた数		月 日	計算時間	できた数
1回	月 日	分		2回	月 日	分	

66 場合の数①

時間のめやす 30分

□□(1) [0][1][2][3]の4枚のカードを全部使って4けたの整数をつくると，何通りの整数がつくれますか。 (文教大付属中)

□□(2) [1]，[2]，[3]，[4]の4枚のカードを並べて，4けたの整数をつくるとき，全部で何通りの整数ができますか。 (東海大付浦安中)

□□(3) [0]，[2]，[2]，[9]の4枚のカードがあります。このカードを横に一列に並べて4けたの整数をつくると，全部で□通りの整数ができます。 (福岡教育大付福岡・小倉・久留米中)

□□(4) 0，2，4，6，8の5つの数字で，3けたの整数をつくります。同じ数字を1回しか使わないとすると□通りできます。 (暁星国際中)

□□(5) [0][1][1][2][3]の5枚のカードから3枚取って並べてできる3けたの整数は全部で□通りできます。 (明治大付中野中)

□□(6) [0]，[1]，[2]，[3]，[4]の5枚の数字カードの中から3枚を選び，一列に並べて3けたの整数をつくるとき，偶数は全部で□通りあります。 (横浜共立学園中)

□□(7) 1から9までの数字から異なる3つの数字を使って，3けたの偶数をつくると□個できます。 (武蔵野女子学院中)

□□(8) 大小2つのさいころを同時に投げるとき，出た目の和が5または6となる場合は何通りありますか。 (サレジオ学院中)

□□(9) 大小2つのさいころを同時に投げました。出た目の和が9以上になるのは何通りありますか。 (大阪女学院中)

□□(10) A，B2個のさいころを同時に投げて，出た目をそれぞれ△，□とするとき，2×△－□＝7となるのは何通りありますか。 (早稲田実業中)

	月　日	計算時間	できた数		月　日	計算時間	できた数
1回	月　日	分		2回	月　日	分	

67 場合の数②

時間のめやす
30分

□□(1) [1]，[3]，[5]，[7]，[11]と書かれた5枚のカードの中から2枚のカードを選び真分数をつくりたい。全部で何通りできますか。 (城西川越中)

□□(2) 3，5，7，9の4個の数字があります。このうち2個の数字を分母と分子に1個ずつ使って，分数をつくります。1より小さい分数はいくつできますか。 (洗足学園大付属中)

□□(3) 0と1だけを使って4けたの整数をつくると，全部で[　　]個できます。 (江戸川女子中)

□□(4) 1から5の数字を書いた5枚のカード[1][2][3][4][5]があります。この5枚のカードの中から3枚選んでカードの数の和を求めると，いく通りのちがった値ができますか。 (清風中)

□□(5) [0][1][2][3][4][5][6][7][8][9]の10枚のカードがあります。10枚のカードから5枚取り出してその5つの数をたしたとき，一番小さくなるのはいくつですか。一番大きくなるのはいくつですか。 (立教女学院中)

□□(6) 1，2，3，4，5から異(こと)なる数字を用いて，3けたの数をつくると，3の倍数は全部で[　　]個できます。 (駒込中)

□□(7) 0，1，2，3，4の数字から3つの異なる数字を選んで，3けたの整数をつくります。15の倍数はいくつできますか。 (ラ・サール中)

□□(8) 1から6までの数字を書いたカードがそれぞれ1枚ずつあります。このうち3枚のカードの数字を加えると3の倍数になるようなカードのとり方は何通りありますか。 (東大寺学園中)

□□(9) [0][1][2][3][4]の5枚のカードの中からかってに3枚のカードを取り出して，カードに書かれた数が大きい方から順に十の位，百の位，一の位となるようにしてつくった3けたの整数は，全部で[　　]通りあります。 (日本女子大付属中)

□□(10) 数字1，2，3，4，5を1つずつ記入した5枚のカードを左から一列に並べます。カードの数字と並べる順番とが一致(いっち)しているカードが2枚だけあるような並べ方は[　　]通りあります。 (栄光学園中)

	月　日	計算時間	できた数		月　日	計算時間	できた数
1回	月　日	分		2回	月　日	分	

68 場合の数③

時間のめやす 35分

□□(1) 父母とこども4人の6人家族が丸いテーブルの席に着きます。父母が向かい合うような並び方は［　　］通りあります。 (池田中)

□□(2) 3cm, 7cm, 9cm, 11cm, 16cmの5つから，長さのちがう3つを選んで三角形をつくりたい。そのすべての場合をあげなさい。 (恵泉女学園中)

□□(3) 7cm, 8cm, 9cm, 15cm, 16cmの長さの棒が1本ずつあります。この中から3本を使って三角形をつくると，三角形は［　　］通りできます。 (法政大第一中)

□□(4) 150円，100円，50円の3種類のアイスクリームがあります。この中から5個買うことにしたとき，500円以内で買える買い方は何通りありますか。 (東京女学館中)

□□(5) 20円の鉛筆と30円の消しゴムを買って，ちょうど200円になるようにします。どちらも必ず1つは買うとすると何通りの買い方がありますか。 (神奈川大付属中)

□□(6) 6種類の硬貨(こうか)(500円玉，100円玉，50円玉，10円玉，5円玉，1円玉)をどれも1個以上入れて，合計金額をちょうど1000円にしたいと思います。硬貨の個数がもっとも少ない場合は何個ですか。 (共立女子中)

□□(7) 10円，5円，1円の硬貨がたくさんあります。この硬貨を使ってちょうど22円支払うとき，支払い方は全部で［　　］通りあります。(使わない硬貨があってもよいものとします。) (浅野中)

□□(8) 1円，5円，10円，50円，100円，500円の6種類の硬貨がそれぞれ2個ずつあります。このうち，2個を取り出して加えると何通りの金額ができますか。 (成城学園中)

□□(9) 1000円札3枚と500円玉3個と100円玉2個で，おつりがないように払(はら)える金額は全部で［　　］通りあります。 (聖光学院中)

□□(10) 6個の同じおはじきを2つ以上のかたまりに分けます。このときかたまりには必ず1個以上入るものとします。かたまりの分け方は何通りですか。ただし，2個，4個と分ける場合と4個，2個と分ける場合は同じものとします。 (白百合学園中)

	月　日	計算時間	できた数		月　日	計算時間	できた数
1回	月　日	分		2回	月　日	分	

69　場合の数④

時間のめやす
35分

□□(1)　10人の中から部長１名，副部長１名を決める方法は□通りあります。（桐光学園中）

□□(2)　甲，乙，丙の３人がジャンケンをします。１回のジャンケンで１人だけが勝つ場合は何通りありますか。（芝浦工業大学中）

□□(3)　こどもが６人います。６人の中から，３人を選んで給食係にすると，□通りの選び方があります。（駿台学園中）

□□(4)　男子２人女子３人の５人でリレーチームをつくり，第１走者と第５走者が男子となる場合は何通りですか。（跡見学園中）

□□(5)　A君，B君，C君，D君，E君の５人でリレーのチームをつくります。A君だけは３番目に走ることが決まっています。走り方の順序は全部で，□通りあります。（名古屋学院中）

□□(6)　運動会のリレーの選手に，たけし君，あきら君，けいた君，じゅんいち君の４人が選ばれました。第１走者から第４走者までの走る順番を決めるとき，４人の走る順番は，全部で□通り考えられます。（東京学芸大付竹早中）

□□(7)　赤，緑，白，黄，黒の小旗があります。ここから２本とって組をつくるとき小旗の組は何通り考えられますか。（履正社学園豊中中）

□□(8)　A，B，C，D，Eの５冊の本を一列に並べるとき，Aが左端から２冊目にくるように並べると，何通りの並べ方がありますか。（実践女子学園中）

□□(9)　男の子３人と女の子２人の合計５人が一列に並ぶとき，両端に男の子がくる並び方は全部で□通りです。（頌栄女子学院中）

□□(10)　A，B，C，D，E，Fの６人で旅行に行きました。宿の部屋は大，中，小の３室があり，それぞれの部屋に入る人数は３人，２人，１人でした。AとBは同じ部屋，CとDも同じ部屋としたときの部屋割りは何通りありますか。（神戸女学院中）

	月　日	計算時間	できた数		月　日	計算時間	できた数
1回	月　日	分		2回	月　日	分	

■計算のポイント⑥

●速さの表し方は次のようにおぼえておく

- 時速＝秒速×60×60＝分速×60
- 分速＝秒速×60＝時速÷60
- 秒速＝時速÷60÷60＝分速÷60
- 速さ＝道のり÷時間
- 道のり＝速さ×時間
- 時間＝道のり÷速さ

●小数，分数，百分率，歩合の関係

・小　数	1	0.1	0.01	0.001
・分　数	1	$\frac{1}{10}$	$\frac{1}{100}$	$\frac{1}{1000}$
・百分率	100％	10％	1％	0.1％
・歩　合	10割	1割	1分(ぶ)	1厘(りん)

●食塩水の濃度は次の式で求められる

- 食塩水の濃度(％)＝食塩の重さ÷食塩水の重さ(食塩の重さ＋水の重さ)×100

　この式を変形すると，食塩の重さ＝食塩水の重さ×食塩水の濃度(％)÷100
　　　　　　　　　　　食塩水の重さ＝食塩の重さ÷食塩水の濃度(％)×100

〔例〕　8％の食塩水450gに，さらに10gの食塩を加えると何％の食塩水になるかという問題の場合，まず，はじめの食塩水には何gの食塩がふくまれているかを求める。すると，8％＝0.08より，450×0.08＝36(g)とわかる。したがって，あらたな食塩水の重さは，450＋10＝460(g)，食塩の重さは，36＋10＝46(g)になるから，その濃度は，46÷460×100＝10(％)と求められる。

●割合の計算では次の式を利用する

- 割合＝割合にあたる量÷もとにする量
- 割合にあたる量＝もとにする量×割合
- もとにする量＝割合にあたる量÷割合

70 速　さ①

時間のめやす
25分

□□(1) 秒速22mの自動車の時速は［　　］kmです。（暁星国際中）

□□(2) 時速16.2kmは秒速［　　］cmです。（女子学院中）

□□(3) 15分間に11.5km進む自動車の速さは，時速［　　］kmです。（法政大第一中）

□□(4) 1000kmを$1\frac{1}{4}$時間で飛ぶジェット機の速さは時速何kmですか。（学習院中）

□□(5) 32kmの道のりを2時間40分で走った自転車の時速は，［　　］kmです。（宮崎大付属中）

□□(6) 時速48kmの自動車は400mを何分で走りますか。（神奈川大付属中）

□□(7) 秒速5mの速さで走る人がマラソン(42.195km)を走ると［　　］時間［　　］分［　　］秒かかります。（昭和女子大付昭和中）

□□(8) 時速［　　］kmで2時間30分かかる距離は，時速60kmで行くと2時間20分かかります。（女子聖学院中）

□□(9) 毎時8kmの速さで走ると18分かかる道のりを毎分60mで歩くと［　　］分かかります。（東洋英和女学院中）

□□(10) 500mを36秒ですべるスケート選手は，時速［　　］kmですべっていることになります。（帝塚山学院中）

	月　日	計算時間	できた数		月　日	計算時間	できた数
1回	月　日	分		2回	月　日	分	

71 速　さ②

時間のめやす
30分

□□(1) 時速 a kmで b 分歩いたときの道のりは [　　　] kmで表されます。 (駿台学園中)

□□(2) 時速60kmで走っている電車が６秒ごとに電柱を通過しました。電柱は [　　　] mおきに立っています。 (山手学院中)

□□(3) 分速64mの速さで，10kmの道のりを休まずに歩き続けると何時間何分何秒かかるでしょう。 (立命館中)

□□(4) 分速250mの速さで0.7時間走ったあと，毎時4.5kmで10分間歩きました。このとき進んだ距離の合計は [　　　] kmです。 (東京家政学院中)

□□(5) Ａさんは兄と100m競争をすると，10m負けるので，兄の出発地点を [　　　] mうしろへ下げると，いっしょにゴールすることができます。 (昭和女子大付昭和中)

□□(6) ある列車が長さ960mの鉄橋をわたり始めてから，わたり終わるまでに45秒かかります。また，この列車がある地点を通過するのに５秒かかります。この列車の長さは何mですか。ただし，列車の速さは一定とします。 (跡見学園中)

□□(7) １周すると800mの池のまわりを20分間でちょうど６周走りました。このときの速さは秒速何mですか。 (瀧野川女子学園中)

□□(8) 一定の速さで340mの鉄橋をわたる列車があります。列車の長さを120mにすると，長さが80mのときよりも鉄橋をわたり終えるのに２秒多くかかります。このとき，この列車の速さは毎秒何mですか。 (東邦大付東邦中)

□□(9) 太郎君と次郎君が1120mはなれたところから同時に向かい合って出発したところ，８分後に出会いました。次郎君の速さが毎分60mであるとき，太郎君の速さは毎分 [　　　] mです。 (佼成学園中)

□□(10) ある遊園地のかんらん車には，人の乗る箱が30個ついています。ある箱が回転していって，１つ前の箱の位置にくるのに40秒かかりました。このかんらん車は１分間に [　　　] 度回転しています。 (青山学院中)

	月　日	計算時間	できた数		月　日	計算時間	できた数
1回	月　日	分		2回	月　日	分	

72 速　さ③

時間のめやす
35分

□□(1) 1.5kmの道のりを往復するのに，行きは毎時 6 kmの速さで進み，帰りは毎時 4 kmの速さで進みました。平均の速さは毎時 [　　] kmです。 (山脇学園中)

□□(2) 4 kmの道を行きは時速 4 kmで歩き，帰りは時速 8 kmで走ったときの平均の速さは時速 [　　] kmです。 (修道中)

□□(3) 行きは時速10km，帰りは時速 [　　] kmで 2 地点間を往復すると，平均時速12kmで往復したことになります。 (日本大第二中)

□□(4) 家から学校までの道のりを行きは毎時18km，帰りは毎時12kmの速さで往復すると平均の速さは毎時 [　　] kmです。 (履正社学園豊中中)

□□(5) A，B間を行きは時速 6 km，帰りは時速 4 kmで往復しました。このとき，往復の平均の速さは毎時 [　　] kmです。 (松蔭中)

□□(6) 同じ道を自動車で往復します。行きは毎時40km，帰りは毎時60kmでした。平均の速さは毎時何kmですか。 (四天王寺中)

□□(7) 行きは時速30km，帰りは時速20kmでA町とB町の間を往復しました。このとき，平均時速 [　　] kmで往復したことになります。 (頌栄女子学院中)

□□(8) 時速 6 kmで40分かかった道のりを，時速 4 kmの速さで帰りました。往復の平均の時速は何kmですか。 (南山中・男子部)

□□(9) A町からB町まで12kmあります。A町とB町の間を往復するのに，行きの速さは時速 6 kmで帰りの速さの1.5倍でした。時速何kmで往復したことになりますか。 (お茶の水女子大付属中)

□□(10) 2 地点間を往復するのに，行きは自動車で時速48kmで行き，帰りは分速200mで自転車で帰りました。往復にかかった平均の時速は毎時何kmですか。 (富士見丘中<東京>)

	月　日	計算時間	できた数		月　日	計算時間	できた数
1回	月　日	分		2回	月　日	分	

73　速　さ④

時間のめやす
25分

□□(1)　投手から捕手までの距離は，18.44mあります。いま，投手が時速150kmの球を捕手まで投げると何秒かかりますか。ただし，小数点以下第３位を四捨五入して求めなさい。（東海大付浦安中）

□□(2)　長さがそれぞれ210m，180m，140mであるＡ，Ｂ，Ｃ３つの列車があります。Ｃに追いついてから追いぬくまでに，Ａは14秒，Ｂは16秒かかります。このとき，ＡがＢに追いついてから追いぬくまでには何秒かかりますか。（明治大付中野八王子中）

□□(3)　400m走で，１位の選手は44.61秒，３位の選手は45.52秒でした。１位の選手がゴールした瞬間には３位の選手はゴールまであと［　　　］mの位置にいたことになります。（小数第３位を四捨五入しなさい。）（大阪女学院中）

□□(4)　新幹線「のぞみ６号」は博多駅を７時20分に出発し，東京駅に12時24分に着きます。博多駅と東京駅の間は1175.9kmで，その道のりを「のぞみ６号」は停車時間なしで，同じ速さで走ったとします。このときの時速を小数第１位まで求めなさい。（東京学芸大付小金井中）

□□(5)　花子さんは駅から湖まで電車とバスで行きました。電車に乗ったのは36kmで全体の$\frac{4}{7}$です。バスは平均時速30kmで走りました。バスに乗っていたのは何分ですか。（跡見学園中）

□□(6)　$24\frac{1}{2}l$はいる水そうがあります。この水そうに１分間あたり$8\frac{3}{4}ml$の割合で水を入れると，何時間何分でいっぱいになりますか。（早稲田実業中）

□□(7)　あきら君のお父さんが，24m先にいるあきら君を追いかけます。お父さんが３歩あるく間に，あきら君は４歩あるきます。１歩の歩はばはお父さんが72cm，あきら君が46cmです。お父さんがあきら君に追いつくまでに，お父さんは何歩あるきますか。（桐朋中）

□□(8)　4.5kmの道のりを時速６kmの速さで歩く予定でしたが，$\frac{1}{3}$進んだところで５分間休み，それから速さを時速［　　　］kmに変えたので，予定より20分おくれて着きました。（桐蔭学園中）

□□(9)　2.4km離れたＡとＢの２地点間を往復するのに，太郎君は行きは毎時６km，帰りは毎時４kmで歩きました。和子さんは行きも帰りも同じ速さで歩いたところ，太郎君よりも往復で４分多くかかりました。和子さんの速さは毎時何kmでしたか。（成蹊中）

□□(10)　Ａ町からＢ町まで２回往復しました。１回目は帰りの速さが行きの速さの1.5倍でした。２回目は行き帰りとも同じ速さで，１回目も２回目も往復にかかった時間は同じでした。２回目の速さは，１回目の行きの速さの何倍ですか。（神戸女学院中）

	月　日	計算時間	できた数		月　日	計算時間	できた数
1回	月　日	分		2回	月　日	分	

74　食塩水の濃度①

時間のめやす
30分

□□(1)　水380ｇに20ｇの食塩をとかすと［　　　］％の食塩水ができます。（松蔭中）

□□(2)　８％の食塩水［　　　］ｇにふくまれる食塩の量は9.6ｇです。（東洋英和女学院中）

□□(3)　13％の食塩水800ｇの中の水の量は［　　　］ｇです。（帝塚山学院中）

□□(4)　15％の食塩水200ｇがあります。この食塩水に水を［　　　］ｇ加えると，10％の食塩水になります。（学習院中）

□□(5)　10％の食塩水120ｇから水を［　　　］ｇ蒸発させたら12％の食塩水ができます。（国学院大久我山中）

□□(6)　５％の食塩水600ｇと［　　　］％の食塩水1.8kgをまぜると８％の食塩水ができます。（三重中）

□□(7)　10％の食塩水200ｇに水を加えて８％の食塩水をつくりました。この食塩水の$\frac{2}{5}$を取り出して，かわりに同じ重さの水を加えると何％の食塩水ができますか。（明治大付中野中）

□□(8)　420ｇの水に，食塩80ｇをとかした食塩水があります。この食塩水から300ｇをくみ出し，残った食塩水に水300ｇを加えると，何％の食塩水になりますか。（東邦大付東邦中）

□□(9)　10％の食塩水が800ｇあります。この食塩水の一部を捨てて，同じ重さの水を加えたところ，８％の食塩水ができました。加えた水の重さは何ｇですか。（早稲田中）

□□(10)　［　　　］％の食塩水を，Ａの容器に400ｇ，Ｂの容器に600ｇ入れました。さらに２％の食塩水を，Ａの容器に600ｇ，Ｂの容器に400ｇ加えてよくかきまぜたら，Ａの食塩水は５％に，Ｂの食塩水は［　　　］％になりました。（女子学院中）

	月　日	計算時間	できた数		月　日	計算時間	できた数
1回	月　日	分		2回	月　日	分	

75　食塩水の濃度②

時間のめやす
35分

□□(1)　3％の食塩水180ｇ，5％の食塩水140ｇ，12％の食塩水80ｇをひとつの容器に入れてまぜ合わせると何％の食塩水ができるか求めなさい。　（吉祥女子中）

□□(2)　容器Aには30％の食塩水が500ｇ，容器Bには8％の食塩水が250ｇ入っています。それぞれから100ｇずつ取り出し容器Cに入れよくかきまぜると［　　　］％の食塩水になります。　（日本大第一中）

□□(3)　100ｇの水に1ｇの食塩を入れ，別な100ｇの水に4ｇの食塩を入れます。両方の食塩水をひとつの容器に入れたあと，［　　　］ｇの水を加えたら2％の食塩水になりました。　（海城中）

□□(4)　10％の食塩水が450ｇあります。これに18％の食塩水何ｇかを入れるつもりでしたが，まちがえて，同じ重さの水を入れてしまったので，7.5％の食塩水ができました。入れた水は何ｇですか。　（四天王寺中）

□□(5)　4％の食塩水が300ｇあります。これに水を［　　　］ｇ加えて3％にするつもりが，まちがえて2％の食塩水を加えるつもりの水と同じ重さだけ加えてしまったので，［　　　］％の食塩水になりました。　（山手学院中）

□□(6)　10％の食塩水と20％の食塩水を3：2の比にまぜると［　　　］％の食塩水ができます。　（頌栄女子学院中）

□□(7)　70ｇの食塩があります。この食塩全部を使って，5％，10％，15％の食塩水をつくりました。5％，10％，15％の食塩水の重さの比が1：2：3のとき，15％の食塩水の重さは［　　　］ｇです。　（立教女学院中）

□□(8)　3.4％の食塩水100ｇと［　　　］％の食塩水200ｇをまぜたものに100ｇの水を加えると，3.1％の食塩水400ｇができます。　（同志社香里中）

□□(9)　5％の食塩水250ｇと10％の食塩水300ｇと水何ｇをまぜると6.8％の食塩水になりますか。　（武蔵中）

□□(10)　3％の食塩水と8％の食塩水をまぜて6.4％の食塩水が10ｇできました。3％の食塩水は何ｇ使いましたか。　（浅野中）

	月　日	計算時間	できた数		月　日	計算時間	できた数
1回	月　日	分		2回	月　日	分	

76 割　　合①

時間のめやす 25分

□□(1) 900円の品を２割引きで買うといくらになりますか。 （西南女学院中）

□□(2) 125円の［　　　］%引きは105円です。 （女子聖学院中）

□□(3) 110円は200円の［　　　］%です。 （佐賀大付属中）

□□(4) ［　　　］円の24%増しは，930円です。 （暁星国際中）

□□(5) 1230円は［　　　］円の15%です。 （比治山女子中）

□□(6) 160円の２割５分は，［　　　］円の８割です。 （松蔭中）

□□(7) ４kgの45%は［　　　］gの６割にあたります。 （国府台女子学院中）

□□(8) 600ｇは３kgの［　　　］%です。 （藤村女子中）

□□(9) ［　　　］人の140%は168人です。 （福山暁の星女子中）

□□(10) 120ｇで200円の品物が150ｇで280円になりました。これは［　　　］%の値上げです。 （昭和女子大付昭和中）

	月　日	計算時間	できた数		月　日	計算時間	できた数
1回	月　日	分		2回	月　日	分	

77 割　合②

時間のめやす 30分

☐☐(1) 156の３割は ☐ の2.5％です。 （学習院中）

☐☐(2) $1\frac{4}{5}$の80％は$\frac{2}{3}$の14割の ☐ 倍です。 （成城学園中）

☐☐(3) 180の25％に15を加えた数は，☐ の３割です。 （明治大付中野八王子中）

☐☐(4) Aの３倍がBの２倍に等しいとき，AとBの和はAの ☐ 倍です。 （日本大第一中）

☐☐(5) ４時間36分の75％は何時間何分ですか。 （嘉悦女子中）

☐☐(6) ☐ 時間 ☐ 分の45％は12時間45分です。 （日本大第二中）

☐☐(7) 26 l は ☐ l の８％です。 （清雲中）

☐☐(8) 0.35 t の12％は ☐ kgです。 （法政大第一中）

☐☐(9) 180m^2の２割４分は，☐ m^2の$\frac{1}{5}$です。 （清風中）

☐☐(10) A，B２本のひもがあって，Aの$\frac{1}{8}$とBの$\frac{1}{5}$の長さが等しくて，A，Bの長さは108cmちがいます。Bのひもの長さは何cmですか。 （洗足学園大付属中）

	月　日	計算時間	できた数		月　日	計算時間	できた数
1回	月　日	分		2回	月　日	分	

78 割　　合③

時間のめやす 30分

☐☐(1) [　　　]円の４割５分は，570円の120％にあたります。（京都教育大付京都・桃山中）

☐☐(2) [　　　]円の商品は，２年続けて10％ずつ値下げすると40500円になります。（和洋国府台女子中）

☐☐(3) 3200円の15％は[　　　]円の１割６分です。（大阪女学院中）

☐☐(4) １割５分引きにすると1360円になる品物のもとの値段は[　　　]円です。（郁文館中）

☐☐(5) 仕入れ値1000円の品物に定価をつけて，定価の２割引きで売っても１割の利益があるようにするには，定価をいくらにすればよいですか。（跡見学園中）

☐☐(6) 仕入れ値に４割の利益をみこんで定価をつけました。定価の２割引きで売ると，利益は仕入れ値の[　　　]％になります。（大妻中）

☐☐(7) ある品物に４割の利益をみこんで定価をつけました。この品物を定価の半額で売ると36円の損失になります。この品物の原価は何円ですか。（吉祥女子中）

☐☐(8) 原価の２割の利益をみこんで定価をつけた品物を，定価の１割５分引きで売ったところ70円の利益がありました。定価はいくらでしたか。（淳心学院中）

☐☐(9) ある品物に原価の３割増しの定価をつけて，定価の２割引きで売りました。このとき，利益は原価の[　　　]％です。（頌栄女子学院中）

☐☐(10) ある商品に原価の35％の利益をみこんで定価をつけました。この商品を定価の２割引きで売ると，原価の何％の利益がありますか。（桐朋中）

	月　日	計算時間	できた数		月　日	計算時間	できた数
1回	月　日	分		2回	月　日	分	

79 割　　合④

時間のめやす
35分

□□(1) ある円の円周を30%大きくすると，面積は□割□分増加します。（立正中）

□□(2) 円グラフで中心角が234度のおうぎ形が表している量は，全体の□%になります。（昭和女子大付昭和中）

□□(3) 円グラフで中心角が82.8度で表されている部分は全体の□%です。（松蔭中）

□□(4) 正方形の１辺の長さを20%のばすと，面積は□%ふえます。（日本大豊山女子中）

□□(5) 正方形のたての長さを２割のばし，横の長さを□%短くして長方形をつくると，面積はもとの正方形の面積の90%になります。（光塩女子学院中）

□□(6) 直方体があります。たて，横の長さをそれぞれ５%減らし，高さを４%ふやします。このとき，体積は□%減少します。（久留米大附設中）

□□(7) 直方体があります。この直方体の体積を変えないで，たての長さを$\frac{2}{3}$倍し，横の長さを２割５分増すと，高さはもとの高さの何倍になりますか。（フェリス女学院中）

□□(8) 落とす高さの75%だけはねあがるボールがあります。このボールを□cmの高さから落とすと，３回目には54cmまではねあがります。（成城学園中）

□□(9) 一定の太さの針金(はりがね)があります。この針金から80cm切り取ると90g軽くなり，残りの重さは1.71kgになりました。最初の針金の長さは何mですか。（成蹊中）

□□(10) １日に８秒おくれる時計があります。この時計が１月１日の正午に12時５分51秒を示していました。正しい時刻を示すのは何月何日の何時何分ですか。（雙葉中）

	月　日	計算時間	できた数		月　日	計算時間	できた数
1回	月　日	分		2回	月　日	分	

80 割　合⑤

時間のめやす 35分

☐☐(1) [　　] 人の人が投票することができる選挙で，780人が投票した結果，投票率は65％でした。（賢明女子学院中）

☐☐(2) ある学校の今年の生徒の人数は去年の人数より５％ふえて252名でした。去年の生徒の人数を求めなさい。（明治学院中）

☐☐(3) Ｄ子さんの学校の今月の欠席者数は，先月の欠席者数の$\frac{1}{5}$だけ多く，ふえた人数は15人でした。今月の欠席者数は何人ですか。（横浜国立大付横浜中）

☐☐(4) みほ子さんの学校の今年の生徒数は399人で，昨年の生徒数より５％ふえました。昨年の生徒数を求めなさい。（お茶の水女子大付属中）

☐☐(5) １時間に0.3 lの割合で使えば20時間使えるだけの灯油があります。この灯油を１時間に [　　] lの割合で使えば12時間で灯油がなくなります。（山脇学園中）

☐☐(6) あるびんの中に水を$\frac{4}{5}$入れると600ｇとなり，$\frac{1}{3}$入れると320ｇになります。びんの重さは何ｇですか。（市川中）

☐☐(7) 5000円で仕入れた商品に，[　　] ％の利益を見込んで定価をつけましたが，売れなかったので定価の１割引きで売りました。利益は400円でした。（香蘭女学校中）

☐☐(8) ある品物に２割の利益をみこんで定価をつけましたが，売れないので定価の１割５分引きで売ったら，40円の利益がありました。この品物の定価はいくらですか。（和洋九段女子中）

☐☐(9) Ａ君のお年玉の総額はＣ君のお年玉の総額より５割多く，Ｂ君のお年玉の総額はＣ君より３割少ない。また，Ａ君とＣ君の差額とＡ君とＢ君の差額の合計は29900円です。Ａ君のお年玉の総額は [　　] 円です。（慶応中等部）

☐☐(10) ある展示会場の入場料の団体割引は，50人未満は２割引きで，50人以上は３割引きです。50人未満の団体で，50人としての団体で入場した方が，料金が安くなるのは，何人以上のときですか。（ラ・サール中）

	月　日	計算時間	できた数		月　日	計算時間	できた数
1回	月　日	分		2回	月　日	分	

81 総合問題①

時間のめやす 35分

□□(1) 10×9×8×7×6－9×8×7×6×5－8×7×6×5×5－7×7×6×5×4＝□ （淑徳中）

□□(2) 48cmの針金を使って，縦と横の長さの比が5：7となる長方形を作るとき，この長方形の面積は何cm^2か答えなさい。 （足立学園中）

□□(3) 7で割ると3余り，13で割ると4余るような整数のうち，200に最も近い整数は□です。 （桐光学園中）

□□(4) 540にある整数をかけて，同じ整数を2回かけた数にしたい。このとき，540にかける整数のうち一番小さい数を求めなさい。 （明治大付中野中）

□□(5) 3を19個かけ合わせたとき，一の位の数は□です。 （麗澤中）

□□(6) a◎b＝a×a－b×bとします。17◎□＝64となるとき，□に入る数を答えなさい。 （普連土学園中）

□□(7) サイコロを3回投げます。例えば最初に1，次に3，最後に4のように，次に出る目が1回前の目よりも大きくなるのは何通りですか。 （跡見学園中）

□□(8) 家から学校へ行くのに，毎分120mの速さで走っていくと，毎分80mの速さで歩いていくより3分早く着きます。家から学校までの道のりは□mです。 （山脇学園中）

□□(9) 濃度8％の食塩水300gに水□gと食塩30gを加えたので，濃度が12％になりました。 （東洋英和女学院中）

□□(10) 3000円で仕入れた品物に□％の利益を見込んで定価をつけました。売れなかったので定価の20％引きで売ったところ120円の利益が出ました。 （穎明館中）

	月　日	計算時間	できた数		月　日	計算時間	できた数
1回	月　日	分		2回	月　日	分	

82 総合問題②

時間のめやす 35分

□□(1) $\{(142857\times7)-(142+857)\times1000-(14+28+57)\}\div100=$ □ （立教女学院中）

□□(2) 0.8km^{2}の畑に，400cm^{2}当たり３粒の種をまこうと思います。種は600粒当たり40円です。この畑に必要な種の代金は□万円です。 （青山学院中）

□□(3) $2\times3\times4\times5\times7\times8\times25\times125$は□けたの整数になります。 （鶴見大付属中）

□□(4) ある分数は$3\frac{13}{33}$をかけても，$3\frac{3}{55}$をかけても，答えが整数になります。このような分数のうち，最も小さいものは□です。 （開智中）

□□(5) 分数$\frac{5}{7}$を小数で表すとき，小数第１位から第2015位までの数字の和を求めなさい。 （浅野中）

□□(6) ５×☆＝３×★を満たす☆と★の数について，☆×★が240であるとき，☆の数はいくつですか。 （法政大第二中）

□□(7) 大，中，小の３つのサイコロを同時に投げるとき，出た目の数の和が５になる場合は，全部で□通りです。 （成城学園中）

□□(8) 姉が５歩進む間に妹は６歩進みます。また，姉が４歩で進む距離を妹は５歩で進みます。妹が240m歩く間に姉は何m歩くか求めなさい。 （頌栄女子学院中）

□□(9) 10％の食塩水100ｇに，濃度がわからない食塩水Ａを50ｇ加えて，さらに50ｇの水を加えたところ，食塩水の濃度は６％になりました。加えた食塩水Ａの濃度は何％ですか。 （海城中）

□□(10) ある商品の１日の売り上げは□円でした。この商品を２割引きで売ると売れた数は２割増しになり，売り上げは2500円減ります。 （香蘭女学校中）

	月　日	計算時間	できた数		月　日	計算時間	できた数
1回	月　日	分		2回	月　日	分	

別冊

これが入試に出る

計算 合格の820題

全問くわしい解き方つき

■解答編

＊本体からていねいにぬきとってご使用ください。

声の教育社

1 整数の計算①

こたえ (1) 913 (2) 1818 (3) 14 (4) 5 (5) 0 (6) 8 (7) 26 (8) 20 (9) 4 (10) 14

くわしい解き方 (1) $4567-3789+135=778+135=913$

(2) $2079+1806-2067=3885-2067=1818$

(3) $8+12\div2=8+6=14$

(4) $40-28\div4\times5=40-7\times5=40-35=5$

(5) $16-8\div2\times4=16-4\times4=16-16=0$

(6) $52-16\div12\times33=52-\frac{16}{12}\times33=52-\frac{4}{3}\times33=52-44=8$

(7) $6\times3+24\div3=18+8=26$

(8) $45\times3\div5-21\div3=45\div5\times3-7=9\times3-7=27-7=20$

(9) $48\div15\div8\times10=48\times\frac{1}{15}\times\frac{1}{8}\times10=\frac{48\times10}{15\times8}=4$

(10) $16+4\times3\div6-20\div5=16+12\div6-4=16+2-4=18-4=14$

2 整数の計算②

こたえ (1) 10 (2) 600 (3) 52 (4) 98 (5) 4 (6) 14 (7) 7 (8) 10 (9) 114 (10) 10

くわしい解き方 (1) $78\times5\div13-20=78\div13\times5-20=6\times5-20=30-20=10$

(2) $76\times9-1092\div13=684-84=600$

(3) $100-80\div5\times3=100-16\times3=100-48=52$

(4) $103-4\times8+81\div3=103-32+27=71+27=98$

(5) $70-15\div15\times63-81\div27=70-63-3=4$

(6) $18-(6\times4-4)\div5=18-(24-4)\div5=18-20\div5=18-4=14$

(7) $15-(231+33)\div33=15-264\div33=15-8=7$

(8) $(18+3\times4)\div3=(18+12)\div3=30\div3=10$

(9) $8\times19-(132-72\div4)\div3=152-(132-18)\div3=152-114\div3=152-38=114$

(10) $65\times63\div(56\times18)\times32\div13=\frac{65\times63\times32}{56\times18\times13}=10$

3 整数の計算③

こたえ (1) $\frac{2}{7}$ (2) 155 (3) 106 (4) 55 (5) 15 (6) 10 (7) 49 (8) 6 (9) 6 (10) 25

くわしい解き方 (1) $27\div63\div21\times14=27\times\frac{1}{63}\times\frac{1}{21}\times14=\frac{2}{7}$

(2) $(143856\div37-13)\div25=(3888-13)\div25=3875\div25=155$

(3) $175-(15-9)\times25+81=175-150+81=106$

(4) $12\times14-(23+61)-29=168-(84+29)=168-113=55$

(5) $36-24\div(2\times8-4)-19=36-24\div12-19=36-2-19=15$

(6) $200-(9\times4-26)\times(6\times63\div9-23)=200-(36-26)\times\left(\frac{6\times63}{9}-23\right)=200-10\times(42-23)=200-10\times19=200-190=10$

(7) $28\times32-132\div(180\div15)\times77=896-132\div12\times77=896-11\times77=896-847=49$

(8) $54\div\{3\times(9-6)\}=54\div(3\times3)=54\div9=6$

(9) $1+11\div\{1+2\div(1+2\div3)\}=1+11\div\left(1+2\div1\frac{2}{3}\right)=1+11\div\left(1+2\times\frac{3}{5}\right)=1+11\div\frac{11}{5}=1+11\times\frac{5}{11}=1+5=6$

(10) $18\div2\times3-\{24-4\times(7-3)\div2\}\div8=9\times3-(24-4\times4\div2)\div8=27-(24-8)\div8=27-16\div8=27-2=25$

4 整数の計算④

こたえ (1) 43 (2) 64 (3) $6\frac{2}{15}$ (4) 13 (5) 8 (6) 23 (7) 20 (8) 120 (9) 4 (10) 16

くわしい解き方 (1) $33+42\div3\times2-12\times3\div2=33+28-18=43$

(2) $(48\div96\div32)=\frac{48}{96\times32}=\frac{1}{64}$ より，$1\div\frac{1}{64}=64$

(3) $4+16\div(18-9\div3)\times2=4+16\div(18-3)\times2=4+16\div15\times2=4+\frac{32}{15}=6\frac{2}{15}$

(4) $25-4\times\{11-(35-3)\div4\}=25-4\times(11-32\div4)=25-4\times(11-8)=25-4\times3=25-12=13$

(5) $24-4\times\{10-(6+2)\div4-4\}=24-4\times(10-8\div4-4)=24-4\times(10-2-4)=24-4\times4=24-16=8$

(6) $16\times2-\{2\times(9-2\times3)+24\div8\}=32-\{2\times(9-6)+3\}=32-(2\times3+3)=32-(6+3)=32-9=23$

(7) $30-[11-\{(19+9)\div7-3\}]=30-\{11-(28\div7-3)\}=30-\{11-(4-3)\}=30-(11-1)=30-10=20$

(8) $[\{21\times(21-3)-4\}\div17+(3+5\times7)\div19]\times5=\{(21$

$\times 18-4)\div 17+38\div 19\}\times 5=(374\div 17+2)\times 5=24\times 5=120$

(9) $[27-\{(18\times 3+4)\times 2-25\}\div 13]\div 10\times 2=\{27-(58\times 2-25)\div 13\}\div 10\times 2=\{27-(116-25)\div 13\}\div 10\times 2=(27-91\div 13)\div 10\times 2=(27-7)\div 10\times 2=20\div 10\times 2=4$

(10) $18-[\{33-4\times 5\div(14-4)\}\times 2]\div 31=18-\{(33-20\div 10)\times 2\}\div 31=18-\{(33-2)\times 2\}\div 31=18-31\times 2\div 31=18-2=16$

5 小数の計算①

こたえ (1) 0.0006 (2) 1.6 (3) 3.7 (4) 15.39 (5) 1.9 (6) 46.8 (7) 1 (8) 28.9 (9) 0.6 (10) 2

くわしい解き方 (1) $0.39\times 0.04-0.015=0.0156-0.015=0.0006$

(2) $0.25\times 6.4=1.6$

(3) $4.2-0.2\div 0.4=4.2-0.5=3.7$

(4) $18.34+3.97-6.92=22.31-6.92=15.39$

(5) $0.6+1.2\div 0.3-2.7=0.6+4-2.7=1.9$

(6) $5.64\div 0.12-0.2=47-0.2=46.8$

(7) $0.8\times 0.9\div 0.72=0.72\div 0.72=1$

(8) $81.6\div 9.6\times 3.4=8.5\times 3.4=28.9$

(9) $0.0625\div 0.25\times 2.4=\frac{625}{10000}\times\frac{100}{25}\times\frac{24}{10}=\frac{6}{10}=0.6$

(10) $0.125\times 2.8\times 0.8\div 0.14=\frac{1}{8}\times\frac{28}{10}\times\frac{8}{10}\div\frac{14}{100}=\frac{28}{100}\times\frac{100}{14}=2$

6 小数の計算②

こたえ (1) 5.8 (2) 15.348 (3) 29.6 (4) 0.2 (5) 2 (6) 12.24 (7) 0.3 (8) $2\frac{3}{4}$(2.75) (9) 33 (10) 2.7

くわしい解き方 (1) $3.8\times 1.6-1.4\times 0.2=6.08-0.28=5.8$

(2) $3.6\times 5.23-7.3\times 0.6+0.72\div 0.8=18.828-4.38+0.9=15.348$

(3) $12.6-2.75-3.7+23.45=36.05-2.75-3.7=33.3-3.7=29.6$

(4) $0.85\div 1.7\times 1.2-0.32\div 0.8=0.5\times 1.2-0.4=0.6-0.4=0.2$

(5) $11.8\div(3.1+2.8)=11.8\div 5.9=2$

(6) $8.4+3.2\times(6.5-5.3)=8.4+3.2\times 1.2=8.4+3.84=12.24$

(7) $5.55\div(24.1-5.6)=5.55\div 18.5=0.3$

(8) $(1.3+0.49\div 1.4)\div 0.6=\left(1\frac{3}{10}+\frac{49}{100}\times\frac{10}{14}\right)\div\frac{3}{5}=\left(1\frac{6}{20}+\frac{7}{20}\right)\div\frac{3}{5}=\frac{33}{20}\times\frac{5}{3}=\frac{11}{4}=2\frac{3}{4}$

(9) $(34.9-18.4)\div(0.58+0.62)\times 2.4=16.5\div 1.2\times 2.4=16.5\times\frac{1}{1.2}\times 2.4=16.5\times 2=33$

(10) $1.6\times(2.5-0.75)-0.125\div(1.5-0.25)=1.6\times 1.75-0.125\div 1.25=2.8-0.1=2.7$

7 小数の計算③

こたえ (1) 10 (2) 0.05 (3) 4.9 (4) 133.05 (5) 332 (6) 0.07 (7) 0.9 (8) 0.186 (9) 2.06 (10) 0.925

くわしい解き方 (1) $99.7-3.2\div 0.025\times 0.75+6.3=99.7-96+6.3=10$

(2) $0.3-0.0351\div 0.13+0.1\times 0.2=0.3-0.27+0.02=0.05$

(3) $1.48\div 0.037-1.3\times 0.054\div 0.002=1480\div 37-1.3\times 54\div 2=40-35.1=4.9$

(4) $4.3\times 32.1-48.807\div 8.7+56.322\div 89.4=138.03-5.61+0.63=132.42+0.63=133.05$

(5) $0.1312\div 0.00032=13120\div 32=410$，$3.75\times 20.8=3\frac{3}{4}\times 20\frac{4}{5}=\frac{15}{4}\times\frac{104}{5}=78$　よって，$410-78=332$

(6) $0.72-(4.2-6.8\times 0.35)\div 2.8=0.72-1.82\div 2.8=0.72-0.65=0.07$

(7) $(6.3-4.2\times 0.9)\div 2.8=2.52\div 2.8=0.9$

(8) $11.868\div(11.3-9.46)-1.74\times 3.6=11.868\div 1.84-6.264=6.45-6.264=0.186$

(9) $0.02+0.2\times 0.2=0.02+0.04=0.06$, $0.2\div 0.02\times 0.2=2$　よって，$0.06+2=2.06$

(10) $0.25\times\{0.5\times(3.2-2.4)+0.825\div 0.25\}=0.25\times(0.5\times 0.8+3.3)=0.25\times(0.4+3.3)=0.25\times 3.7=0.925$

8 分数の計算①

こたえ (1) $\frac{19}{40}$ (2) $\frac{137}{168}$ (3) $1\frac{1}{4}$ (4) $\frac{4}{5}$ (5) $\frac{1}{3}$ (6) $\frac{12}{13}$ (7) $2\frac{41}{48}$ (8) $\frac{13}{18}$ (9) $2\frac{3}{4}$ (10) $4\frac{47}{48}$

くわしい解き方 (1) $\frac{5}{6}+\frac{3}{8}-\frac{11}{15}=\frac{100}{120}+\frac{45}{120}-\frac{88}{120}=\frac{57}{120}=\frac{19}{40}$

(2) $\frac{5}{6}+\frac{6}{7}-\frac{7}{8}=\frac{140}{168}+\frac{144}{168}-\frac{147}{168}=\frac{137}{168}$

(3) $\frac{1}{2}+\frac{1}{3}+\frac{1}{4}+\frac{1}{6}=\frac{6}{12}+\frac{4}{12}+\frac{3}{12}+\frac{2}{12}=\frac{15}{12}=1\frac{3}{12}=1\frac{1}{4}$

(4) $\frac{1}{2}+\frac{1}{6}+\frac{1}{12}+\frac{1}{20}=\frac{30}{60}+\frac{10}{60}+\frac{5}{60}+\frac{3}{60}=\frac{48}{60}=\frac{4}{5}$

(5) $\frac{1}{6}+\frac{1}{12}+\frac{1}{20}+\frac{1}{30}=\frac{10}{60}+\frac{5}{60}+\frac{3}{60}+\frac{2}{60}=\frac{20}{60}=\frac{1}{3}$

(6) $\frac{3}{4}+\frac{3}{28}+\frac{4}{77}+\frac{2}{143}=\frac{21}{28}+\frac{3}{28}+\frac{4}{77}+\frac{2}{143}=\frac{6}{7}+\frac{4}{77}+\frac{2}{143}=\frac{66}{77}+\frac{4}{77}+\frac{2}{143}=\frac{10}{11}+\frac{2}{143}=\frac{130}{143}+\frac{2}{143}=\frac{132}{143}=\frac{12}{13}$

(7) $2\frac{5}{8}-1\frac{1}{12}+1\frac{5}{16}=2\frac{30}{48}-1\frac{4}{48}+1\frac{15}{48}=2\frac{41}{48}$

(8) $3\frac{1}{3}-1\frac{7}{9}-\frac{5}{6}=3\frac{6}{18}-1\frac{14}{18}-\frac{15}{18}=\frac{60}{18}-\frac{32}{18}-\frac{15}{18}=\frac{13}{18}$

(9) $3\frac{3}{4}-1\frac{5}{6}+2\frac{1}{2}-1\frac{2}{3}=3\frac{9}{12}-1\frac{10}{12}+2\frac{6}{12}-1\frac{8}{12}=5\frac{15}{12}-1\frac{10}{12}-1\frac{8}{12}=4\frac{5}{12}-1\frac{8}{12}=2\frac{3}{4}$

(10) $1\frac{5}{6}+2\frac{7}{8}+\frac{7}{12}+5\frac{9}{16}-2\frac{17}{24}-\left(\frac{1}{15}+3\frac{1}{10}\right)=1\frac{40}{48}+2\frac{42}{48}+\frac{28}{48}+5\frac{27}{48}-2\frac{34}{48}-\left(\frac{2}{30}+3\frac{3}{30}\right)=6\frac{103}{48}-3\frac{5}{30}=8\frac{7}{48}-3\frac{1}{6}=7\frac{55}{48}-3\frac{8}{48}=4\frac{47}{48}$

9 分数の計算②

こたえ (1) $\frac{29}{70}$ (2) 1 (3) $\frac{7}{24}$ (4) $1\frac{33}{35}$ (5) $1\frac{17}{42}$ (6) $\frac{5}{18}$ (7) $\frac{1}{8}$ (8) $8\frac{2}{5}$ (9) $14\frac{3}{8}$ (10) $1\frac{21}{160}$

くわしい解き方 (1) $\frac{1}{5}+\frac{2}{7}\div1\frac{1}{3}=\frac{1}{5}+\frac{2}{7}\times\frac{3}{4}=\frac{1}{5}+\frac{3}{14}=\frac{14}{70}+\frac{15}{70}=\frac{29}{70}$

(2) $5\frac{9}{10}-3\frac{4}{7}-\frac{19}{10}+\frac{12}{35}\div\frac{3}{5}=5\frac{9}{10}-1\frac{9}{10}-3\frac{4}{7}+\frac{12}{35}\times\frac{5}{3}=4-3\frac{4}{7}+\frac{4}{7}=\frac{3}{7}+\frac{4}{7}=\frac{7}{7}=1$

(3) $\frac{3}{8}\times1\frac{2}{3}-1\frac{2}{5}\div4\frac{1}{5}=\frac{3}{8}\times\frac{5}{3}-\frac{7}{5}\div\frac{21}{5}=\frac{3\times5}{8\times3}-\frac{7\times5}{5\times21}=\frac{5}{8}-\frac{1}{3}=\frac{15}{24}-\frac{8}{24}=\frac{7}{24}$

(4) $3\frac{4}{5}-2\frac{3}{5}\div3\frac{1}{9}\times2\frac{2}{9}=3\frac{4}{5}-\frac{13}{5}\div\frac{28}{9}\times\frac{20}{9}=3\frac{4}{5}-\frac{13}{5}\times\frac{9}{28}\times\frac{20}{9}=3\frac{4}{5}-\frac{13}{7}=3\frac{4}{5}-1\frac{6}{7}=3\frac{28}{35}-1\frac{30}{35}=2\frac{63}{35}-1\frac{30}{35}=1\frac{33}{35}$

(5) $\frac{5}{7}+1\frac{2}{5}\times\frac{5}{6}-2\frac{1}{2}\div\frac{3}{7}\times\frac{4}{49}=\frac{5}{7}+\frac{7}{5}\times\frac{5}{6}-\frac{5}{2}\times\frac{7}{3}\times\frac{4}{49}=\frac{5}{7}+\frac{7}{6}-\frac{10}{21}=\frac{30}{42}+\frac{49}{42}-\frac{20}{42}=\frac{59}{42}=1\frac{17}{42}$

(6) $\frac{17}{36}+1\frac{2}{9}\div1\frac{1}{3}-4\frac{1}{6}\times\frac{4}{15}=\frac{17}{36}+\frac{11}{9}\times\frac{3}{4}-\frac{25}{6}\times\frac{4}{15}=\frac{17}{36}+\frac{33}{36}-\frac{10}{9}=\frac{50}{36}-\frac{40}{36}=\frac{10}{36}=\frac{5}{18}$

(7) $\frac{1}{3}-\frac{1}{6}-\left(\frac{1}{12}-\frac{1}{24}\right)=\frac{1}{3}-\frac{1}{6}-\left(\frac{2}{24}-\frac{1}{24}\right)=\frac{1}{3}-\frac{1}{6}-\frac{1}{24}=\frac{8}{24}-\frac{4}{24}-\frac{1}{24}=\frac{3}{24}=\frac{1}{8}$

(8) $6\frac{3}{4}\times\left(\frac{4}{5}+\frac{4}{9}\right)=\frac{27}{4}\times\frac{4}{5}+\frac{27}{4}\times\frac{4}{9}=\frac{27}{5}+3=5\frac{2}{5}+3=8\frac{2}{5}$

(9) $\left(2\frac{1}{6}+1\frac{2}{3}\right)\times3\frac{3}{4}=\left(2\frac{1}{6}+1\frac{4}{6}\right)\times\frac{15}{4}=3\frac{5}{6}\times\frac{15}{4}=\frac{23}{6}\times\frac{15}{4}=\frac{115}{8}=14\frac{3}{8}$

(10) $\left(4\frac{2}{11}-2\frac{1}{8}\right)\times\frac{11}{20}=\left(4\frac{16}{88}-2\frac{11}{88}\right)\times\frac{11}{20}=2\frac{5}{88}\times\frac{11}{20}=\frac{181}{88}\times\frac{11}{20}=\frac{181}{160}=1\frac{21}{160}$

10 分数の計算③

こたえ (1) $1\frac{2}{3}$ (2) $\frac{1}{10}$ (3) $\frac{1}{90}$ (4) $1\frac{1}{2}$ (5) $\frac{3}{4}$ (6) $\frac{29}{63}$ (7) $1\frac{13}{28}$ (8) 13 (9) $\frac{1}{2}$ (10) $2\frac{6}{17}$

くわしい解き方 (1) $\left(\frac{1}{2}+\frac{2}{5}-\frac{3}{10}\right)=\frac{1}{10}\times(5+4-3)=\frac{3}{5}$より，$\frac{3}{5}\times2\frac{7}{9}=\frac{3}{5}\times\frac{25}{9}=1\frac{2}{3}$

(2) $\frac{2}{5}-\left(2\frac{1}{2}-\frac{3}{5}\right)\div6\frac{1}{3}=\frac{2}{5}-\left(2\frac{5}{10}-\frac{6}{10}\right)\div\frac{19}{3}=\frac{2}{5}-\frac{19}{10}\times\frac{3}{19}=\frac{2}{5}-\frac{3}{10}=\frac{4}{10}-\frac{3}{10}=\frac{1}{10}$

(3) $\frac{4}{9}-\left(\frac{3}{5}-\frac{1}{2}\times\frac{1}{3}\right)=\frac{40}{90}-\left(\frac{54}{90}-\frac{15}{90}\right)=\frac{40}{90}-\frac{39}{90}=\frac{1}{90}$

(4) $1\frac{3}{4}-\left(\frac{5}{6}-\frac{4}{9}\right)\div1\frac{5}{9}=1\frac{3}{4}-\left(\frac{15}{18}-\frac{8}{18}\right)\div\frac{14}{9}=1\frac{3}{4}-\frac{7}{18}\times\frac{9}{14}=1\frac{3}{4}-\frac{1}{4}=1\frac{2}{4}=1\frac{1}{2}$

(5) $2\frac{3}{8}\div\left(\frac{2}{3}+7\frac{1}{2}\times\frac{1}{3}\right)=\frac{19}{8}\div\left(\frac{2}{3}+\frac{15}{2}\times\frac{1}{3}\right)=\frac{19}{8}\div\left(\frac{2}{3}+\frac{5}{2}\right)=\frac{19}{8}\div\left(\frac{4}{6}+\frac{15}{6}\right)=\frac{19}{8}\div\frac{19}{6}=\frac{19}{8}\times\frac{6}{19}=\frac{6}{8}=\frac{3}{4}$

(6) $\frac{8}{9}-\frac{3}{7}\times\left(\frac{5}{4}-\frac{1}{6}\div\frac{2}{3}\right)=\frac{8}{9}-\frac{3}{7}\times\left(\frac{5}{4}-\frac{1}{6}\times\frac{3}{2}\right)=\frac{8}{9}-\frac{3}{7}\times\left(\frac{5}{4}-\frac{1}{4}\right)=\frac{56}{63}-\frac{27}{63}\times1=\frac{29}{63}$

(7) $\frac{3}{4}\div\frac{5}{18}\times\frac{35}{54}-\frac{3}{7}\times\left(\frac{1}{5}-\frac{1}{6}\right)\div\frac{1}{20}=\frac{3}{4}\times\frac{18}{5}\times\frac{35}{54}$

$-\frac{3}{7}\times\frac{1}{30}\times\frac{20}{1}=\frac{7}{4}-\frac{2}{7}=\frac{49}{28}-\frac{8}{28}=\frac{41}{28}=1\frac{13}{28}$

(8) $\left(3\frac{1}{2}+\frac{2}{5}\right)\times\left(4\frac{1}{2}-1\frac{1}{6}\right)=\left(3\frac{5}{10}+\frac{4}{10}\right)\times\left(4\frac{3}{6}-1\frac{1}{6}\right)=3\frac{9}{10}\times3\frac{1}{3}=\frac{39}{10}\times\frac{10}{3}=13$

(9) $\left(\frac{1}{3}+\frac{1}{4}\right)\times1\frac{1}{7}-\left(\frac{2}{5}-\frac{1}{3}\right)\div\frac{2}{5}=\left(\frac{4}{12}+\frac{3}{12}\right)\times\frac{8}{7}-\left(\frac{6}{15}-\frac{5}{15}\right)\times\frac{5}{2}=\frac{7}{12}\times\frac{8}{7}-\frac{1}{15}\times\frac{5}{2}=\frac{2}{3}-\frac{1}{6}=\frac{4}{6}-\frac{1}{6}=\frac{3}{6}=\frac{1}{2}$

(10) $\left(\frac{5}{8}+\frac{1}{6}\right)\div\left(1\frac{1}{5}-1\frac{2}{3}\times\frac{3}{20}\right)\div\left(\frac{1}{16}+\frac{1}{6}+\frac{1}{8}\right)=\left(\frac{15}{24}+\frac{4}{24}\right)\div\left(\frac{6}{5}-\frac{5}{3}\times\frac{3}{20}\right)\div\left(\frac{3}{48}+\frac{8}{48}+\frac{6}{48}\right)=\frac{19}{24}\div\left(\frac{6}{5}-\frac{1}{4}\right)\div\frac{17}{48}=\frac{19}{24}\div\left(\frac{24}{20}-\frac{5}{20}\right)\div\frac{17}{48}=\frac{19}{24}\div\frac{19}{20}\div\frac{17}{48}=\frac{19}{24}\times\frac{20}{19}\times\frac{48}{17}=\frac{40}{17}=2\frac{6}{17}$

11 分数の計算④

こたえ (1) 2 (2) $7\frac{1}{2}$ (3) 5 (4) $\frac{3}{28}$ (5) $\frac{1}{2}$ (6) $\frac{4}{7}$ (7) $\frac{1}{18}$ (8) 3 (9) $\frac{12}{35}$ (10) 1

くわしい解き方 (1) $4\frac{2}{13}\times\left(\frac{4}{9}-\frac{1}{3}\div\frac{1}{2}+1\frac{1}{3}\right)\div2\frac{4}{13}=\frac{54}{13}\times\left(\frac{4}{9}-\frac{2}{3}+\frac{4}{3}\right)\div\frac{30}{13}=\frac{54}{13}\times\left(\frac{4}{9}-\frac{6}{9}+\frac{12}{9}\right)\div\frac{30}{13}=\frac{54}{13}\times\frac{10}{9}\times\frac{13}{30}=2$

(2) $3\frac{3}{4}\times2\frac{1}{3}-\left(\frac{1}{3}-\frac{1}{7}\right)\div\frac{2}{21}+\frac{3}{4}=\frac{15}{4}\times\frac{7}{3}-\left(\frac{7}{21}-\frac{3}{21}\right)\times\frac{21}{2}+\frac{3}{4}=\frac{35}{4}-\frac{4}{21}\times\frac{21}{2}+\frac{3}{4}=\frac{35}{4}-2+\frac{3}{4}=\frac{35}{4}-\frac{8}{4}+\frac{3}{4}=\frac{30}{4}=7\frac{1}{2}$

(3) $\left(1\frac{5}{6}+2\frac{13}{20}-3\frac{1}{3}\right)\div1\frac{4}{5}\times7\frac{19}{23}=\left(1\frac{50}{60}+2\frac{39}{60}-3\frac{20}{60}\right)\div\frac{9}{5}\times\frac{180}{23}=\frac{69}{60}\times\frac{5}{9}\times\frac{180}{23}=5$

(4) $\left(\frac{1}{5}+\frac{1}{4}-\frac{1}{3}\right)\div\frac{7}{15}-\left(\frac{5}{7}-\frac{2}{21}\right)\div\left(7\frac{2}{3}-\frac{5}{7}\times4\frac{2}{3}\right)=\left(\frac{12}{60}+\frac{15}{60}-\frac{20}{60}\right)\div\frac{7}{15}-\left(\frac{15}{21}-\frac{2}{21}\right)\div\left(\frac{23}{3}-\frac{5}{7}\times\frac{14}{3}\right)=\frac{7}{60}\times\frac{15}{7}-\frac{13}{21}\div\left(\frac{23}{3}-\frac{10}{3}\right)=\frac{1}{4}-\frac{13}{21}\times\frac{3}{13}=\frac{1}{4}-\frac{1}{7}=\frac{7}{28}-\frac{4}{28}=\frac{3}{28}$

(5) $\frac{2}{3}-\frac{2}{5}\times\left\{\frac{1}{2}-\left(\frac{3}{4}-\frac{2}{3}\right)\right\}=\frac{2}{3}-\frac{2}{5}\times\left\{\frac{6}{12}-\left(\frac{9}{12}-\frac{8}{12}\right)\right\}=\frac{2}{3}-\frac{2}{5}\times\frac{5}{12}=\frac{4}{6}-\frac{1}{6}=\frac{3}{6}=\frac{1}{2}$

(6) $\left\{\left(\frac{4}{15}+\frac{5}{6}\right)\div\frac{11}{12}-\frac{3}{7}\right\}\div\left(\frac{3}{5}+\frac{3}{4}\right)=\left\{\left(\frac{8}{30}+\frac{25}{30}\right)\times\frac{12}{11}-\frac{3}{7}\right\}\div\left(\frac{12}{20}+\frac{15}{20}\right)=\left(\frac{33}{30}\times\frac{12}{11}-\frac{3}{7}\right)\div\frac{27}{20}=\left(\frac{6}{5}-\frac{3}{7}\right)\times\frac{20}{27}=\left(\frac{42}{35}-\frac{15}{35}\right)\times\frac{20}{27}=\frac{27}{35}\times\frac{20}{27}=\frac{20}{35}=\frac{4}{7}$

(7) $\left\{\left(\frac{6}{12}-\frac{4}{12}+\frac{3}{12}+\frac{2}{12}\right)\times\frac{1}{7}\div\frac{1}{8}-\frac{1}{9}\right\}\times\frac{1}{10}=\left(\frac{7}{12}\times\frac{1}{7}\times8-\frac{1}{9}\right)\times\frac{1}{10}=\left(\frac{2}{3}-\frac{1}{9}\right)\times\frac{1}{10}=\left(\frac{6}{9}-\frac{1}{9}\right)\times\frac{1}{10}=\frac{1}{18}$

(8) $\left\{\frac{26}{5}-\left(1\frac{1}{3}+2\frac{1}{2}\right)\div\frac{5}{6}\right\}\div\frac{1}{5}=\left(\frac{26}{5}-3\frac{5}{6}\div\frac{5}{6}\right)\div\frac{1}{5}=\left(\frac{26}{5}-\frac{23}{6}\times\frac{6}{5}\right)\div\frac{1}{5}=\left(\frac{26}{5}-\frac{23}{5}\right)\div\frac{1}{5}=\frac{3}{5}\times5=3$

(9) $\left\{\left(\frac{9}{2}-2\frac{3}{8}\right)\div\left(2-\frac{1}{4}\right)-1\frac{1}{7}\right\}\times\frac{24}{5}=\left\{\left(\frac{36}{8}-\frac{19}{8}\right)\div\frac{7}{4}-\frac{8}{7}\right\}\times\frac{24}{5}=\left(\frac{17}{8}\times\frac{4}{7}-\frac{8}{7}\right)\times\frac{24}{5}=\left(\frac{17}{14}-\frac{16}{14}\right)\times\frac{24}{5}=\frac{1}{14}\times\frac{24}{5}=\frac{12}{35}$

(10) $\frac{12}{13}\times\left\{\left(\frac{5}{8}+\frac{5}{7}\right)\times\left(3\frac{3}{15}-\frac{2}{5}\right)-2\frac{2}{3}\right\}=\frac{12}{13}\times\left\{\left(\frac{35}{56}+\frac{40}{56}\right)\times\left(\frac{48}{15}-\frac{6}{15}\right)-\frac{8}{3}\right\}=\frac{12}{13}\times\left(\frac{75}{56}\times\frac{42}{15}-\frac{8}{3}\right)=\frac{12}{13}\times\left(\frac{15}{4}-\frac{8}{3}\right)=\frac{12}{13}\times\left(\frac{45}{12}-\frac{32}{12}\right)=\frac{12}{13}\times\frac{13}{12}=1$

12 整数と小数の計算①

こたえ (1) 7.5 (2) 2.99 (3) 0.31 (4) 1 (5) 4.055 (6) 1.2 (7) 18 (8) 0.06 (9) 68.92 (10) 24

くわしい解き方 (1) 20−4÷0.32=20−12.5=7.5

(2) 3.2−7×0.03=3.2−0.21=2.99

(3) 153.6÷48−3.4×0.85=3.2−2.89=0.31

(4) 3.2÷0.8−0.5×6=4−3=1

(5) 4.3−1.96×0.5÷4=4.3−0.98÷4=4.3−0.245=4.055

(6) $3\div0.5\times0.02\times0.004\div0.0004=6\times\frac{2}{100}\times\frac{4}{1000}\div\frac{4}{10000}=6\times\frac{2}{100}\times\frac{4}{1000}\times\frac{10000}{4}=1.2$

(7) 18÷25×0.125÷0.36×72=(18÷0.36)×(0.125÷25)×72=50×0.005×72=50×0.36=18

(8) 0.32÷0.08×0.21−0.26×3=0.84−0.78=0.06

(9) 0.36×200×1.25−5×4.216=0.36×250−21.08=90−21.08=68.92

(10) $4.8\times12\div9\times3\div3.2\times4=\frac{4.8\times12\times3\times4}{9\times3.2}=24$

13 整数と小数の計算②

こたえ (1) 11.2 (2) 1.809 (3) 47 (4) 10 (5) 217.5 (6) 0.4 (7) 8 (8) 0.0048 (9) 0.21 (10) 88

くわしい解き方 (1) $0.25+0.375\times(32-2.8)=\frac{1}{4}+\frac{3}{8}\times29\frac{1}{5}=\frac{5}{20}+\frac{219}{20}=\frac{224}{20}=11\frac{1}{5}=11.2$

(2) $2.7\times(10-7.99)\div3=2.7\times2.01\times\frac{1}{3}=2.01\times0.9$

$=1.809$

(3) $50\div2.5\times3.1-0.4\times(38-0.5)=62-15=47$

(4) $5.1\times7\times17.5\div(1.5\times8.5\times4.9)=\frac{5.1\times7\times17.5}{1.5\times8.5\times4.9}=\frac{51\times70\times175}{15\times85\times49}=10$

(5) $(9.8+7.6\times5-4.3)\div2\div0.1=(9.8+38-4.3)\div2\div0.1=43.5\div2\div0.1=217.5$

(6) $(1.2+0.8)\times0.6-(2-0.08)\div2.4=2\times0.6-1.92\div2.4=1.2-0.8=0.4$

(7) $17.3-\{16.2-(1.5+0.8)\times3\}=17.3-(16.2-2.3\times3)=17.3-(16.2-6.9)=17.3-9.3=8$

(8) $0.12\div\{9-6\div(11-7)\}\times0.3=0.12\div(9-1.5)\times0.3=0.12\div7.5\times0.3=0.016\times0.3=0.0048$

(9) $0.56-\{0.22+(2.57-2.31)\div2\}=0.56-(0.22+0.26\div2)=0.56-(0.22+0.13)=0.56-0.35=0.21$

(10) $\{50-5\times(13.1-9.7)\}\times6-14.3\div0.13=(50-5\times3.4)\times6-110=(50-17)\times6-110=33\times6-110=198-110=88$

14 整数と分数の計算①

こたえ (1) $1\frac{9}{10}$ (2) $\frac{23}{60}$ (3) $1\frac{2}{15}$ (4) $\frac{4}{9}$ (5) 1 (6) $3\frac{1}{5}$ (7) $3\frac{1}{10}$ (8) $\frac{13}{24}$ (9) $\frac{1}{6}$ (10) $5\frac{1}{12}$

くわしい解き方 (1) $3-1\frac{3}{5}+\frac{1}{3}+\frac{1}{6}=\left(3-1\frac{3}{5}\right)+\left(\frac{1}{3}+\frac{1}{6}\right)=1\frac{2}{5}+\frac{1}{2}=1\frac{4}{10}+\frac{5}{10}=1\frac{9}{10}$

(2) $1-\frac{1}{2}+\frac{2}{3}-\frac{3}{4}+\frac{4}{5}-\frac{5}{6}=1-\frac{30}{60}+\frac{40}{60}-\frac{45}{60}+\frac{48}{60}-\frac{50}{60}=\frac{23}{60}$

(3) $3-2\frac{4}{5}\times\frac{2}{3}=3-\frac{14}{5}\times\frac{2}{3}=3-\frac{28}{15}=3-1\frac{13}{15}=1\frac{2}{15}$

(4) $8\div12\times\frac{2}{3}=\frac{8}{12}\times\frac{2}{3}=\frac{2}{3}\times\frac{2}{3}=\frac{4}{9}$

(5) $5-\frac{1}{2}\div\frac{3}{4}\times6=5-\frac{1}{2}\times\frac{4}{3}\times6=5-4=1$

(6) $3\times\frac{4}{5}+\frac{1}{5}\div\frac{1}{4}=\frac{12}{5}+\frac{4}{5}=\frac{16}{5}=3\frac{1}{5}$

(7) $1-\frac{7}{12}\div8\frac{3}{4}+2\frac{1}{6}=1-\frac{1}{15}+2\frac{1}{6}=3\frac{1}{10}$

(8) $1\frac{2}{3}+2\frac{1}{4}\div6-4\frac{1}{2}\times\frac{1}{3}=1\frac{2}{3}+\frac{9}{4}\times\frac{1}{6}-\frac{9}{2}\times\frac{1}{3}=1\frac{16}{24}+\frac{9}{24}-\frac{36}{24}=1\frac{25}{24}-1\frac{12}{24}=\frac{13}{24}$

(9) $\frac{1}{2}-\frac{1}{3}+\frac{1}{4}-5\div12+\frac{1}{6}=\frac{6}{12}-\frac{4}{12}+\frac{3}{12}-\frac{5}{12}+\frac{2}{12}=\frac{2}{12}=\frac{1}{6}$

(10) $6\times1\frac{1}{3}-2\frac{3}{4}-1\frac{1}{4}\div7\frac{1}{2}=6\times\frac{4}{3}-2\frac{3}{4}-\frac{5}{4}\times\frac{2}{15}=8-2\frac{3}{4}-\frac{1}{6}=5\frac{1}{4}-\frac{1}{6}=5\frac{3}{12}-\frac{2}{12}=5\frac{1}{12}$

15 整数と分数の計算②

こたえ (1) $2\frac{5}{12}$ (2) 1 (3) $2\frac{1}{3}$ (4) $\frac{8}{15}$ (5) $\frac{7}{10}$ (6) 0 (7) $5\frac{1}{6}$ (8) $1\frac{1}{15}$ (9) 2 (10) $2\frac{4}{5}$

くわしい解き方 (1) $4-\left(2\frac{1}{3}-\frac{3}{4}\right)=4-\left(1\frac{16}{12}-\frac{9}{12}\right)=4-1\frac{7}{12}=2\frac{5}{12}$

(2) $24\times\left(\frac{5}{8}-\frac{7}{12}\right)=24\times\frac{5}{8}-24\times\frac{7}{12}=15-14=1$

(3) $8-\left(2\frac{1}{3}+1\frac{1}{2}\right)\times1\frac{11}{23}=8-\left(2\frac{2}{6}+1\frac{3}{6}\right)\times\frac{34}{23}=8-3\frac{5}{6}\times\frac{34}{23}=8-\frac{23}{6}\times\frac{34}{23}=8-\frac{17}{3}=\frac{24}{3}-\frac{17}{3}=\frac{7}{3}=2\frac{1}{3}$

(4) $\frac{1}{5}+\frac{1}{3}\times\left(\frac{7}{3}-2\frac{2}{3}\div2\right)=\frac{1}{5}+\frac{1}{3}\times\left(\frac{7}{3}-\frac{8}{3}\times\frac{1}{2}\right)=\frac{1}{5}+\frac{1}{3}\times\left(\frac{7}{3}-\frac{4}{3}\right)=\frac{1}{5}+\frac{1}{3}\times1=\frac{1}{5}+\frac{1}{3}=\frac{8}{15}$

(5) $1\frac{1}{5}-\left(\frac{3}{4}-\frac{1}{3}\right)\times2\div1\frac{2}{3}=1\frac{1}{5}-\left(\frac{9}{12}-\frac{4}{12}\right)\times2\div\frac{5}{3}=1\frac{1}{5}-\frac{5}{12}\times2\times\frac{3}{5}=1\frac{1}{5}-\frac{5\times2\times3}{12\times1\times5}=1\frac{1}{5}-\frac{1}{2}=1\frac{2}{10}-\frac{5}{10}=\frac{12}{10}-\frac{5}{10}=\frac{7}{10}$

(6) $13-\left(1\frac{2}{3}-\frac{3}{4}+\frac{1}{6}\right)\times12=13-\frac{13}{12}\times12=0$

(7) $2\frac{3}{5}\times\left(\frac{3}{4}\div\frac{1}{6}-2\right)-\frac{1}{3}\div\frac{1}{4}=\frac{13}{5}\times\left(\frac{9}{2}-2\right)-\frac{1}{3}\times4=\frac{13}{5}\times\frac{5}{2}-\frac{4}{3}=\frac{39}{6}-\frac{8}{6}=\frac{31}{6}=5\frac{1}{6}$

(8) $\left(1+1\times1\frac{2}{3}\right)-\left(1+1\div1\frac{2}{3}\right)=2\frac{2}{3}-1\frac{3}{5}=1\frac{1}{15}$

(9) $\left(2\frac{2}{5}+1\frac{1}{3}\times5\right)\div3\frac{2}{5}-\frac{2}{3}=\left(\frac{12}{5}+\frac{20}{3}\right)\div\frac{17}{5}-\frac{2}{3}=\left(\frac{36}{15}+\frac{100}{15}\right)\times\frac{5}{17}-\frac{2}{3}=\frac{136}{15}\times\frac{5}{17}-\frac{2}{3}=\frac{8}{3}-\frac{2}{3}=\frac{6}{3}=2$

(10) $\left(\frac{3}{4}-\frac{2}{3}\right)\times36-3\frac{1}{5}\div5\frac{1}{3}+\frac{2}{5}=\left(\frac{9}{12}-\frac{8}{12}\right)\times36-\frac{16}{5}\div\frac{16}{3}+\frac{2}{5}=\frac{1}{12}\times36-\frac{16}{5}\times\frac{3}{16}+\frac{2}{5}=3-\frac{3}{5}+\frac{2}{5}=2\frac{4}{5}$

16 整数と分数の計算③

こたえ (1) $\frac{1}{18}$ (2) 0 (3) $\frac{33}{140}$ (4) $\frac{7}{9}$ (5) $7\frac{1}{2}$ (6) $\frac{3}{5}$ (7) 141 (8) $\frac{25}{49}$ (9) $\frac{3}{10}$ (10) $\frac{4}{7}$

くわしい解き方 (1) $\left(\frac{3}{4}-\frac{2}{3}\right)\times\frac{1}{2}\div\left(1-\frac{1}{4}\right)=\left(\frac{9}{12}-\frac{8}{12}\right)\times\frac{1}{2}\div\frac{3}{4}=\frac{1}{12}\times\frac{1}{2}\times\frac{4}{3}=\frac{1}{18}$

(2) $\left(\frac{1}{3}+\frac{1}{6}-\frac{1}{2}\right)\div(8\div5-1)=0\div\frac{3}{5}=0$

(3) $\frac{1}{2}\times\left(1-\frac{3}{5}\right)+\left(\frac{1}{4}-\frac{1}{7}\right)\times\frac{1}{3}=\frac{1}{2}\times\frac{2}{5}+\frac{3}{28}\times\frac{1}{3}=\frac{1}{5}+\frac{1}{28}=\frac{28}{140}+\frac{5}{140}=\frac{33}{140}$

(4) $\left(1-\frac{1}{9}\right)\times\left(1-\frac{1}{16}\right)\times\left(1-\frac{1}{25}\right)\times\left(1-\frac{1}{36}\right)=\frac{8}{9}\times\frac{15}{16}\times\frac{24}{25}\times\frac{35}{36}=\frac{7}{9}$

(5) $2\div\left\{2-\left(2-\frac{1}{3}+\frac{1}{15}\right)\right\}=2\div\left\{2-\left(2-\frac{5}{15}+\frac{1}{15}\right)\right\}=2\div\left(2-1\frac{11}{15}\right)=2\div\frac{4}{15}=2\times\frac{15}{4}=\frac{15}{2}=7\frac{1}{2}$

(6) $1-\left\{3-\left(2\frac{4}{5}-1\frac{1}{3}\right)\times\frac{3}{2}\right\}\div2=1-\left\{3-\left(2\frac{12}{15}-1\frac{5}{15}\right)\times\frac{3}{2}\right\}\div2=1-\left(3-1\frac{7}{15}\times\frac{3}{2}\right)\div2=1-\left(3-\frac{22}{15}\times\frac{3}{2}\right)\div2=1-\left(3-\frac{11}{5}\right)\div2=1-\frac{4}{5}\times\frac{1}{2}=1-\frac{2}{5}=\frac{3}{5}$

(7) $\left\{4-\left(1-\frac{3}{4}+\frac{1}{10}\right)\times\left(1-\frac{3}{14}+\frac{4}{7}\right)\right\}\div\frac{1}{40}=\left\{4-\left(1-\frac{15}{20}+\frac{2}{20}\right)\times\left(1-\frac{3}{14}+\frac{8}{14}\right)\right\}\times40=\left(4-\frac{7}{20}\times\frac{19}{14}\right)\times40=\left(4-\frac{19}{40}\right)\times40=160-19=141$

(8) $2\frac{1}{7}\div1\frac{3}{4}-\left\{6-\left(\frac{3}{4}+2\frac{1}{6}\right)\div1\frac{11}{24}\right\}\times\frac{1}{14}-\frac{3}{7}=\frac{15}{7}\times\frac{4}{7}-\left\{6-\left(\frac{9}{12}+2\frac{2}{12}\right)\div\frac{35}{24}\right\}\times\frac{1}{14}-\frac{3}{7}=\frac{60}{49}-\left(6-\frac{35}{12}\times\frac{24}{35}\right)\times\frac{1}{14}-\frac{3}{7}=\frac{60}{49}-\frac{2}{7}-\frac{3}{7}=\frac{60}{49}-\frac{14}{49}-\frac{21}{49}=\frac{25}{49}$

(9) $\frac{1}{2}-\frac{1}{4}\div\left\{1\div6\div\left(\frac{1}{3}-\frac{1}{5}\right)\right\}=\frac{1}{2}-\frac{1}{4}\div\left\{1\div6\div\left(\frac{5}{15}-\frac{3}{15}\right)\right\}=\frac{1}{2}-\frac{1}{4}\div\left(1\div6\div\frac{2}{15}\right)=\frac{1}{2}-\frac{1}{4}\div\left(\frac{1}{6}\times\frac{15}{2}\right)=\frac{1}{2}-\frac{1}{4}\div\frac{5}{4}=\frac{1}{2}-\frac{1}{4}\times\frac{4}{5}=\frac{1}{2}-\frac{1}{5}=\frac{5}{10}-\frac{2}{10}=\frac{3}{10}$

(10) $2\times\left\{1\frac{1}{2}-\frac{3}{7}\times\left(4\frac{4}{6}-1\frac{5}{6}\right)\right\}=2\times\left(1\frac{1}{2}-\frac{3}{7}\times\frac{17}{6}\right)=2\times\left(1\frac{7}{14}-\frac{17}{14}\right)=2\times\frac{4}{14}=\frac{4}{7}$

17 小数と分数の計算①

こたえ (1) $\frac{1}{12}$ (2) $4\frac{8}{15}$ (3) $\frac{11}{12}$ (4) $1\frac{14}{15}$ (5) 5 (6) 1650.95 (7) $\frac{125}{192}$ (8) $3\frac{1}{5}$ (9) $6\frac{1}{8}$ (10) 2

くわしい解き方 (1) $1\frac{1}{3}-\frac{1}{2}-0.75=\frac{4}{3}-\frac{1}{2}-\frac{3}{4}=\frac{16}{12}-\frac{6}{12}-\frac{9}{12}=\frac{1}{12}$

(2) $5\frac{1}{3}-2.3+1\frac{1}{2}=5\frac{1}{3}-2\frac{3}{10}+1\frac{1}{2}=5\frac{10}{30}-2\frac{9}{30}+1\frac{15}{30}=4\frac{16}{30}=4\frac{8}{15}$

(3) $0.25+\frac{1}{5}\div\frac{3}{10}=\frac{1}{4}+\frac{1}{5}\times\frac{10}{3}=\frac{1}{4}+\frac{2}{3}=\frac{3}{12}+\frac{8}{12}=\frac{11}{12}$

(4) $3.75\times\frac{8}{9}-4.9\div3\frac{1}{2}=3\frac{3}{4}\times\frac{8}{9}-\frac{49}{10}\div\frac{7}{2}=\frac{15}{4}\times\frac{8}{9}-\frac{49}{10}\times\frac{2}{7}=\frac{10}{3}-\frac{7}{5}=\frac{50}{15}-\frac{21}{15}=1\frac{14}{15}$

(5) $3.2\times1\frac{2}{3}-0.25\div\frac{3}{4}=\frac{32}{10}\times\frac{5}{3}-\frac{1}{4}\times\frac{4}{3}=\frac{16}{3}-\frac{1}{3}=\frac{15}{3}=5$

(6) $62.3\div\frac{3}{5}\times15.9=62.3\div0.6\times15.9=62.3\times15.9\div0.6=1650.95$

(7) $3.75\div\frac{12}{5}\times\frac{5}{12}=3\frac{3}{4}\div\frac{12}{5}\times\frac{5}{12}=\frac{15}{4}\times\frac{5}{12}\times\frac{5}{12}=\frac{125}{192}$

(8) $3.4\div2\frac{5}{6}+1.25\times1\frac{3}{5}=3\frac{2}{5}\div2\frac{5}{6}+1\frac{1}{4}\times1\frac{3}{5}=\frac{17}{5}\times\frac{6}{17}+\frac{5}{4}\times\frac{8}{5}=\frac{6}{5}+2=3\frac{1}{5}$

(9) $2.5+0.3\times\frac{5}{12}+1.5\div\frac{3}{7}=2\frac{1}{2}+\frac{3}{10}\times\frac{5}{12}+\frac{3}{2}\times\frac{7}{3}=\frac{5}{2}+\frac{1}{8}+\frac{7}{2}=\frac{20}{8}+\frac{1}{8}+\frac{28}{8}=\frac{49}{8}=6\frac{1}{8}$

(10) $1\frac{2}{3}\div3.2\div\frac{5}{8}\times2.4=1\frac{2}{3}\div3\frac{1}{5}\div\frac{5}{8}\times2\frac{2}{5}=\frac{5}{3}\times\frac{5}{16}\times\frac{8}{5}\times\frac{12}{5}=2$

18 小数と分数の計算②

こたえ (1) 6 (2) $3\frac{5}{6}$ (3) 0.928 (4) 2 (5) 0.1 (6) $\frac{31}{60}$ (7) $\frac{5}{12}$ (8) $\frac{5}{12}$ (9) 4 (10) $1\frac{3}{25}$

くわしい解き方 (1) $3\frac{1}{3}\div1.25\times2.4-\frac{2}{5}=\frac{10}{3}\div\frac{5}{4}\times\frac{12}{5}-\frac{2}{5}=\frac{10}{3}\times\frac{4}{5}\times\frac{12}{5}-\frac{2}{5}=\frac{32}{5}-\frac{2}{5}=\frac{30}{5}=6$

(2) $\frac{5}{6}\times0.6\div0.125-0.7\times\frac{5}{21}=\frac{5}{6}\times\frac{3}{5}\div\frac{1}{8}-\frac{7}{10}\times\frac{5}{21}=\frac{1}{2}\times\frac{8}{1}-\frac{1}{6}=4-\frac{1}{6}=3\frac{5}{6}$

(3) $0.75\div0.5\div1\frac{1}{2}-3.6\times0.02=\frac{3}{4}\div\frac{1}{2}\div\frac{3}{2}-0.072=\frac{3}{4}\times\frac{2}{1}\times\frac{2}{3}-0.072=1-0.072=0.928$

(4) $1\frac{1}{6}+\frac{1}{8}\times0.25\div0.1875+\frac{2}{3}=\frac{7}{6}+\frac{1}{8}\times\frac{1}{4}\div\frac{3}{16}+\frac{2}{3}=\frac{7}{6}+\frac{1}{6}+\frac{4}{6}=2$

(5) $\left(0.6-\frac{9}{25}\right)\div2\frac{2}{5}=(0.6-0.36)\div2.4=0.24\div2.4=0.1$

(6) $0.4\div\frac{2}{3}-\left(\frac{1}{3}-\frac{1}{4}\right)=\frac{2}{5}\times\frac{3}{2}-\left(\frac{4}{12}-\frac{3}{12}\right)=\frac{3}{5}-\frac{1}{12}=\frac{36}{60}-\frac{5}{60}=\frac{31}{60}$

(7) $0.75\times1\frac{2}{3}-\left(\frac{1}{3}+\frac{1}{2}\right)=\frac{3}{4}\times\frac{5}{3}-\left(\frac{2}{6}+\frac{3}{6}\right)=\frac{5}{4}-\frac{5}{6}=\frac{15}{12}-\frac{10}{12}=\frac{5}{12}$

(8) $0.5-\left(\frac{3}{4}-\frac{5}{9}\times0.6\right)\times0.2=\frac{1}{2}-\left(\frac{3}{4}-\frac{5}{9}\times\frac{3}{5}\right)\times\frac{1}{5}=\frac{1}{2}-\left(\frac{3}{4}-\frac{1}{3}\right)\times\frac{1}{5}=\frac{1}{2}-\left(\frac{9}{12}-\frac{4}{12}\right)\times\frac{1}{5}=\frac{1}{2}-\frac{5}{12}\times\frac{1}{5}=\frac{1}{2}-\frac{1}{12}=\frac{6}{12}-\frac{1}{12}=\frac{5}{12}$

(9) $\left(2.3-\frac{1}{2}\div\frac{1}{3}\right)\div0.2=\left(2.3-\frac{1}{2}\times\frac{3}{1}\right)\div0.2=(2.3-1.5)\div0.2=0.8\div0.2=4$

(10) $\left(1\frac{7}{9}\times5.25-6\frac{2}{15}\right)\div2\frac{6}{7}=\left(\frac{16}{9}\times\frac{21}{4}-\frac{92}{15}\right)\times\frac{7}{20}=\left(\frac{28}{3}-\frac{92}{15}\right)\times\frac{7}{20}=\left(\frac{140}{15}-\frac{92}{15}\right)\times\frac{7}{20}=\frac{16}{5}\times\frac{7}{20}=1\frac{3}{25}$

19 小数と分数の計算③

こたえ (1) $\frac{1}{30}$ (2) $\frac{9}{10}$ (3) 2.9 (4) $\frac{1}{5}$ (5) $5\frac{37}{40}$ (6) 2.7 (7) $1\frac{1}{5}$ (8) 2 (9) 2.2 (10) $\frac{1}{2}$

くわしい解き方 (1) $(5.6-3.2)=2.4$, $\frac{1}{3}\times2.4=0.8=\frac{4}{5}$より, $\frac{5}{6}-\frac{4}{5}=\frac{25}{30}-\frac{24}{30}=\frac{1}{30}$

(2) $\left(\frac{11}{3}-\frac{11}{5}\right)\times1.25-0.7\div0.75=\left(\frac{55}{15}-\frac{33}{15}\right)\times1\frac{1}{4}-\frac{7}{10}\div\frac{3}{4}=\frac{22}{15}\times\frac{5}{4}-\frac{7}{10}\times\frac{4}{3}=\frac{11}{6}-\frac{14}{15}=\frac{55}{30}-\frac{28}{30}=\frac{27}{30}=\frac{9}{10}$

(3) $39.6\times\left(2\frac{1}{3}-2\frac{1}{4}\right)-1.4\div3\frac{1}{2}=39\frac{3}{5}\times\left(2\frac{4}{12}-2\frac{3}{12}\right)-1\frac{2}{5}\div3\frac{1}{2}=\frac{198}{5}\times\frac{1}{12}-\frac{7}{5}\times\frac{2}{7}=\frac{33}{10}-\frac{2}{5}=3.3-0.4=2.9$

(4) $\left(\frac{2}{3}-\frac{1}{6}\right)\div\frac{2}{5}-1\frac{3}{4}\times0.6=\left(\frac{4}{6}-\frac{1}{6}\right)\times\frac{5}{2}-\frac{7}{4}\times\frac{3}{5}=\frac{3}{6}\times\frac{5}{2}-\frac{7}{4}\times\frac{3}{5}=\frac{5}{4}-\frac{21}{20}=\frac{25}{20}-\frac{21}{20}=\frac{4}{20}=\frac{1}{5}$

(5) $1.25\times4\frac{5}{7}+\left(0.9-\frac{4}{5}\right)\div\frac{28}{9}=1\frac{1}{4}\times4\frac{5}{7}+\left(\frac{9}{10}-\frac{4}{5}\right)\div\frac{28}{9}=\frac{5}{4}\times\frac{33}{7}+\left(\frac{9}{10}-\frac{8}{10}\right)\times\frac{9}{28}=\frac{165}{28}+\frac{1}{10}\times\frac{9}{28}=\frac{1650}{280}+\frac{9}{280}=\frac{1659}{280}=\frac{237}{40}=5\frac{37}{40}$

(6) $4\frac{2}{5}\div\left(1\frac{3}{7}\div1\frac{11}{14}\right)-4.2\div1.5=\frac{22}{5}\div\left(\frac{10}{7}\times\frac{14}{25}\right)-\frac{42}{15}=\frac{22}{5}\div\frac{4}{5}-\frac{14}{5}=\frac{55}{10}-\frac{28}{10}=\frac{27}{10}=2.7$

(7) $3.9\div1\frac{6}{7}=\frac{39}{10}\times\frac{7}{13}=\frac{21}{10}$, $1.2\times\frac{2}{9}=\frac{12}{10}\times\frac{2}{9}=\frac{4}{15}$より, $\frac{21}{10}-\left(1\frac{1}{6}-\frac{4}{15}\right)=\frac{21}{10}-\left(1\frac{5}{30}-\frac{8}{30}\right)=\frac{21}{10}-\frac{27}{30}=\frac{21}{10}-\frac{9}{10}=\frac{12}{10}=1\frac{1}{5}$

(8) $1\frac{11}{15}\div\left(3\frac{2}{5}-\frac{5}{3}\right)\times5.78-0.28\times\frac{27}{2}=\frac{26}{15}\div\left(\frac{51}{15}-\frac{25}{15}\right)\times\frac{578}{100}-\frac{28}{100}\times\frac{27}{2}=\frac{26}{15}\times\frac{15}{26}\times\frac{289}{50}-\frac{189}{50}=\frac{289}{50}-\frac{189}{50}=\frac{100}{50}=2$

(9) $\left(4\frac{1}{2}\div\frac{4}{5}-0.9\times\frac{3}{4}\right)\div\frac{9}{4}=\left(\frac{9}{2}\times\frac{5}{4}-\frac{9}{10}\times\frac{3}{4}\right)\div\frac{9}{4}=\left(\frac{225}{40}-\frac{27}{40}\right)\times\frac{4}{9}=\frac{198}{40}\times\frac{4}{9}=\frac{22}{10}=2.2$

(10) $\frac{17}{20}+0.125\times\left(\frac{12}{15}-\frac{10}{15}\right)\times1.5-0.375=\frac{17}{20}+\frac{1}{8}\times\frac{2}{15}\times\frac{3}{2}-\frac{3}{8}=\frac{17}{20}+\frac{1}{40}-\frac{3}{8}=\frac{34}{40}+\frac{1}{40}-\frac{15}{40}=\frac{20}{40}=\frac{1}{2}$

20 小数と分数の計算④

こたえ (1) $\frac{1}{36}$ (2) 1.2 (3) $\frac{2}{3}$ (4) $\frac{13}{24}$ (5) $3\frac{2}{45}$ (6) $\frac{4}{5}$ (7) $2\frac{13}{25}$ (8) $\frac{24}{25}$ (9) 3 (10) 52

くわしい解き方 (1) $\frac{1}{30}\div0.04\times0.05-\frac{1}{12}\div\left(2\frac{1}{4}\div\frac{3}{8}\right)=\frac{1}{30}\times\frac{100}{4}\times\frac{5}{100}-\frac{1}{12}\div\left(\frac{9}{4}\times\frac{8}{3}\right)=\frac{1}{24}-\frac{1}{12}\div6=\frac{3}{72}-\frac{1}{72}=\frac{1}{36}$

(2) $4.86\div2\frac{1}{4}-2\frac{3}{7}\div\left(0.75+\frac{2}{3}\right)\times0.56=\frac{486}{100}\div\frac{9}{4}-2\frac{3}{7}\div\left(\frac{3}{4}+\frac{2}{3}\right)\times\frac{56}{100}=\frac{486\times4}{100\times9}-\frac{17}{7}\div\frac{17}{12}\times\frac{14}{25}=\frac{54}{25}-\frac{17}{7}\times\frac{12}{17}\times\frac{14}{25}=\frac{54}{25}-\frac{24}{25}=\frac{30}{25}=1\frac{1}{5}=1.2$

(3) $\left(0.125+\frac{5}{6}\right)\times3\frac{1}{5}-\left(2\frac{1}{4}-0.75\right)\div\frac{5}{8}=\left(\frac{3}{24}+\frac{20}{24}\right)\times3\frac{1}{5}-\left(2\frac{1}{4}-\frac{3}{4}\right)\div\frac{5}{8}=\frac{23}{24}\times\frac{16}{5}-\frac{6}{4}\times\frac{8}{5}=\frac{46}{15}-\frac{12}{5}=\frac{46}{15}-\frac{36}{15}=\frac{10}{15}=\frac{2}{3}$

(4) $\left(0.175\div\frac{1}{5}\right)-\left(2\frac{1}{3}-0.75\right)\div4.75=\left(\frac{175}{1000}\times\frac{5}{1}\right)-\left(\frac{7}{3}-\frac{3}{4}\right)\div4\frac{3}{4}=\frac{7}{8}-\left(\frac{28}{12}-\frac{9}{12}\right)\times\frac{4}{19}=\frac{7}{8}-\frac{19}{12}\times\frac{4}{19}=\frac{7}{8}-\frac{1}{3}=\frac{21}{24}-\frac{8}{24}=\frac{13}{24}$

(5) $3\frac{1}{9}+\left(\frac{1}{5}\times0.75\div1.25-\frac{1}{25}\right)\div3.6-\left(1.3-\frac{5}{6}\right)\div5\frac{1}{4}=3\frac{1}{9}+\left(\frac{1}{5}\times\frac{3}{4}\div1\frac{1}{4}-\frac{1}{25}\right)\div3\frac{3}{5}-\left(1\frac{3}{10}-\frac{5}{6}\right)\div\frac{21}{4}=3\frac{1}{9}+\left(\frac{1}{5}\times\frac{3}{4}\times\frac{4}{5}-\frac{1}{25}\right)\times\frac{5}{18}-\frac{7}{15}\times\frac{4}{21}=3\frac{1}{9}+\left(\frac{3}{25}-\frac{1}{25}\right)\times\frac{5}{18}-\frac{4}{45}=3\frac{1}{9}+\frac{2}{25}\times\frac{5}{18}-\frac{4}{45}=3\frac{1}{9}+\frac{1}{45}-\frac{4}{45}=3\frac{5}{45}+\frac{1}{45}-\frac{4}{45}=3\frac{2}{45}$

(6) $\left\{\left(2.3-1\frac{3}{8}\right)\times2\frac{2}{3}-1\frac{4}{5}\right\}\div\frac{5}{6}=\left\{\left(2\frac{12}{40}-1\frac{15}{40}\right)\times\frac{8}{3}-1\frac{4}{5}\right\}\div\frac{5}{6}=\left(\frac{37}{40}\times\frac{8}{3}-1\frac{12}{15}\right)\div\frac{5}{6}=\left(\frac{37}{15}-\frac{27}{15}\right)\times\frac{6}{5}=\frac{10}{15}\times\frac{6}{5}=\frac{4}{5}$

(7) $1.9-\left(1\frac{4}{5}-1.6\right)=1.9-(1.8-1.6)=1.9-0.2=1.7=\frac{17}{10}$より, $3\frac{1}{2}\div\frac{5}{7}-\left\{1.9-\left(1\frac{4}{5}-1.6\right)\right\}\times1\frac{2}{5}=\frac{7}{2}\times\frac{7}{5}-\frac{17}{10}\times\frac{7}{5}=\left(\frac{7}{2}-\frac{17}{10}\right)\times\frac{7}{5}=\frac{18}{10}\times\frac{7}{5}=\frac{63}{25}=2\frac{13}{25}$ $(=2.52)$

(8) $\left\{2.4\div0.5+\left(3\frac{1}{3}-\frac{3}{5}\right)\times1.5\right\}=\left\{4.8+\left(\frac{50}{15}-\frac{9}{15}\right)\times\frac{3}{2}\right\}=\frac{24}{5}+\frac{41}{15}\times\frac{3}{2}=\frac{48}{10}+\frac{41}{10}=\frac{89}{10}$より, $\frac{3}{5}\times\left(10\frac{1}{2}-\frac{89}{10}\right)=\frac{3}{5}\times\left(\frac{105}{10}-\frac{89}{10}\right)=\frac{3}{5}\times\frac{16}{10}=\frac{48}{50}=\frac{24}{25}$

(9) $4.6\div\left\{1\frac{1}{3}+2\frac{2}{5}\times\left(\frac{3}{12}-\frac{2}{12}\right)\right\}=4.6\div\left(1\frac{1}{3}+\frac{12}{5}\times\right.$

$\frac{1}{12}\Big)=4.6\div\left(1\frac{5}{15}+\frac{3}{15}\right)=4\frac{3}{5}\div1\frac{8}{15}=\frac{23}{5}\div\frac{23}{15}=\frac{23}{5}\times\frac{15}{23}=3$

(10) $3.25=3\frac{1}{4}$より，$\left\{2\frac{2}{3}\div\left(\frac{31}{30}-\frac{24}{30}\right)+4\frac{4}{7}\right\}\times3\frac{1}{4}=\left(\frac{8}{3}\times\frac{30}{7}+\frac{32}{7}\right)\times3\frac{1}{4}=\left(\frac{80}{7}+\frac{32}{7}\right)\times\frac{13}{4}=\frac{112}{7}\times\frac{13}{4}=52$

21 整数と小数と分数の計算①

こたえ (1) $3\frac{1}{4}$ (2) $\frac{17}{216}$ (3) $3\frac{1}{2}$ (4) 7 (5) 480 (6) $1\frac{1}{10}$(1.1) (7) 0.6 (8) $\frac{1}{20}$ (9) 0 (10) 2

くわしい解き方 (1) $5-1.5\div\frac{4}{5}\times\frac{14}{15}=5-\frac{3}{2}\times\frac{5}{4}\times\frac{14}{15}=5-1\frac{3}{4}=3\frac{1}{4}$

(2) $1.7\div4\frac{1}{2}\times1\frac{2}{3}\div8=\frac{17\times2\times5\times1}{10\times9\times3\times8}=\frac{17}{216}$

(3) $\frac{1}{2}+0.75\times8-4\frac{1}{2}\div\frac{3}{2}=\frac{1}{2}+\frac{75}{100}\times8-4\frac{1}{2}\div\frac{3}{2}=\frac{1}{2}+\frac{3}{4}\times8-\frac{9}{2}\times\frac{2}{3}=\frac{1}{2}+6-3=3\frac{1}{2}$

(4) $4+6\div\frac{2}{5}-0.8\times15=4+6\times\frac{5}{2}-\frac{4}{5}\times15=4+15-12=7$

(5) $90\div0.05\times0.25+3\div\frac{1}{2}\div\frac{1}{5}=90\times\frac{20}{1}\times\frac{1}{4}+3\times\frac{2}{1}\times\frac{5}{1}=450+30=480$

(6) $\frac{5}{4}-\left(0.125\times6-\frac{3}{5}\right)=\frac{5}{4}-\left(\frac{1}{8}\times6-\frac{3}{5}\right)=\frac{5}{4}-\left(\frac{3}{4}-\frac{3}{5}\right)=\frac{5}{4}-\left(\frac{15}{20}-\frac{12}{20}\right)=\frac{25}{20}-\frac{3}{20}=\frac{22}{20}=1\frac{1}{10}$

(7) $3\times1.2-(17-9)\times\frac{1}{4}\div\frac{2}{3}=3.6-8\times\frac{1}{4}\times\frac{3}{2}=3.6-3=0.6$

(8) $2\div\left(2-\frac{1}{3}\right)\times0.25-0.625\times\frac{2}{5}=\frac{6}{5}\times\frac{1}{4}-\frac{5}{8}\times\frac{2}{5}=\frac{3}{10}-\frac{1}{4}=\frac{1}{20}$

(9) $20-\frac{5}{4}-(25-4)\div0.7\times\frac{5}{8}=20-\frac{5}{4}-21\div\frac{7}{10}\times\frac{5}{8}=20-\frac{5}{4}-21\times\frac{10}{7}\times\frac{5}{8}=\frac{80}{4}-\frac{5}{4}-\frac{75}{4}=\frac{75}{4}-\frac{75}{4}=0$

(10) $1.78\times6\frac{2}{3}=1.78\times\frac{20}{3}=1.78\times\frac{100}{15}=\frac{178}{15}$，$4\times\left(1\frac{2}{3}+\frac{4}{5}\right)=4\times\left(1\frac{10}{15}+\frac{12}{15}\right)=4\times\frac{37}{15}=\frac{148}{15}$より，$\frac{178}{15}-\frac{148}{15}=\frac{30}{15}=2$

22 整数と小数と分数の計算②

こたえ (1) 13 (2) $1\frac{1}{20}$ (3) $\frac{31}{36}$ (4) 0.1 (5) $\frac{343}{1000}$ (6) $\frac{14}{15}$ (7) 12 (8) $\frac{5}{12}$ (9) 2 (10) 5.9

くわしい解き方 (1) $\left(0.375-\frac{1}{3}\right)\times195\div0.625=\left(\frac{3}{8}-\frac{1}{3}\right)\times195\div\frac{5}{8}=\left(\frac{9}{24}-\frac{8}{24}\right)\times195\times\frac{8}{5}=13$

(2) $9.94\div(13-5.9)-\frac{1}{4}\times1.4=9.94\div7.1-\frac{1}{4}\times\frac{7}{5}=1.4-\frac{7}{20}=1\frac{8}{20}-\frac{7}{20}=1\frac{1}{20}$

(3) $0.75=\frac{3}{4}$より，$2\frac{5}{8}\times\frac{8}{27}+\left(1\frac{2}{3}-\frac{3}{4}\right)\div11=\frac{21}{8}\times\frac{8}{27}+\left(\frac{20}{12}-\frac{9}{12}\right)\div11=\frac{7}{9}+\frac{11}{12}\times\frac{1}{11}=\frac{28}{36}+\frac{3}{36}=\frac{31}{36}$

(4) $3\times\left(2\frac{1}{5}-1\frac{2}{3}\right)-1.5=3\times\left(\frac{33}{15}-\frac{25}{15}\right)-1.5=3\times\frac{8}{15}-1.5=\frac{8}{5}-1.5=1.6-1.5=0.1$

(5) $\frac{21}{25}\times\left(0.5+\frac{17}{15}\right)\div4=\frac{21}{25}\times\left(\frac{1}{2}+\frac{17}{15}\right)\div4=\frac{21}{25}\times\left(\frac{15}{30}+\frac{34}{30}\right)\div4=\frac{21}{25}\times\frac{49}{30}\div4=\frac{343}{1000}$

(6) $\left(1-\frac{2}{3}\times\frac{4}{5}\right)\div1.25\times2\frac{1}{2}=\left(1-\frac{8}{15}\right)\div1\frac{1}{4}\times2\frac{1}{2}=\frac{7}{15}\times\frac{4}{5}\times\frac{5}{2}=\frac{14}{15}$

(7) $15-14.1\div\left(1\frac{2}{3}+0.4\times3\frac{2}{3}\right)\times\frac{2}{3}=15-14.1\div\left(1\frac{2}{3}+\frac{2}{5}\times\frac{11}{3}\right)\times\frac{2}{3}=15-14.1\div\left(\frac{25}{15}+\frac{22}{15}\right)\times\frac{2}{3}=15-14.1\div\frac{47}{15}\times\frac{2}{3}=15-\frac{141}{10}\times\frac{15}{47}\times\frac{2}{3}=15-3=12$

(8) $2-\left(1\frac{1}{3}-\frac{1}{3}\times0.375\div\frac{1}{2}+\frac{1}{2}\right)=2-\left(\frac{11}{6}-\frac{1}{3}\times\frac{3}{8}\times2\right)=2-\left(\frac{11}{6}-\frac{1}{4}\right)=\frac{5}{12}$

(9) $(4-8\div5)\times1\frac{2}{3}+0.6\div1\frac{1}{2}-2.4=\left(\frac{20}{5}-\frac{8}{5}\right)\times\frac{5}{3}+\frac{3}{5}\times\frac{2}{3}-2.4=\frac{12}{5}\times\frac{5}{3}+\frac{2}{5}-2.4=4+0.4-2.4=2$

(10) $1.2\times\frac{3}{4}+8\div0.5\div(16\div5)=\frac{6}{5}\times\frac{3}{4}+8\div\frac{1}{2}\div\frac{16}{5}=\frac{9}{10}+8\times2\times\frac{5}{16}=0.9+5=5.9$

23 整数と小数と分数の計算③

こたえ (1) 7 (2) $\frac{1}{8}$ (3) 7 (4) $6\frac{1}{2}$ (5) $1\frac{2}{3}$ (6) $\frac{7}{80}$ (7) 12 (8) $\frac{5}{48}$ (9) $3\frac{1}{6}$ (10) $1\frac{11}{12}$

くわしい解き方 (1) $12-\left(3.125\div\frac{5}{16}-5\frac{1}{3}\times0.75\right)\div1\frac{1}{5}=12-\left(3\frac{1}{8}\div\frac{5}{16}-5\frac{1}{3}\times\frac{3}{4}\right)\div1\frac{1}{5}=12-\left(\frac{25}{8}\times\frac{16}{5}-\frac{16}{3}\times\frac{3}{4}\right)\div\frac{6}{5}=12-(10-4)\div\frac{6}{5}=12-6\times\frac{5}{6}=12-5=7$

(2) $1-\left(0.2-\frac{1}{7}\right)\div\frac{8}{7}\div\frac{2}{5}-1\div\frac{4}{3}=1-\left(\frac{1}{5}-\frac{1}{7}\right)\times\frac{7}{8}\times\frac{5}{2}-1\times\frac{3}{4}=1-\left(\frac{7}{35}-\frac{5}{35}\right)\times\frac{7}{8}\times\frac{5}{2}-\frac{3}{4}=1-\frac{2}{35}\times\frac{7}{8}\times\frac{5}{2}-\frac{3}{4}=1-\frac{1}{8}-\frac{3}{4}=\frac{8}{8}-\frac{1}{8}-\frac{6}{8}=\frac{1}{8}$

(3) $9-\left(0.25\times1\frac{13}{15}+2\frac{2}{15}\div\frac{32}{23}\right)=9-\left(\frac{1}{4}\times\frac{28}{15}+\frac{32}{15}\times\frac{23}{32}\right)=9-\left(\frac{7}{15}+\frac{23}{15}\right)=9-2=7$

(4) $5\times(3.6-1.2)-\left(1\frac{2}{3}-\frac{3}{4}\right)\times6=5\times2.4-\left(\frac{20}{12}-\frac{9}{20}\right)\times6=12-\frac{11}{12}\times6=12-5\frac{1}{2}=6\frac{1}{2}$

(5) $\left(0.75-\frac{2}{3}\right)\div\left(2\frac{1}{4}-1.8\right)\times9=\left(\frac{3}{4}-\frac{2}{3}\right)\div\left(\frac{9}{4}-\frac{9}{5}\right)\times9=\left(\frac{9}{12}-\frac{8}{12}\right)\div\left(\frac{45}{20}-\frac{36}{20}\right)\times9=\frac{1}{12}\div\frac{9}{20}\times9=\frac{1}{12}\times\frac{20}{9}\times9=1\frac{2}{3}$

(6) $1-(0.25+3.4)\div\left(\frac{3}{10}\div0.6+5-\frac{3}{2}\right)=1-\left(\frac{1}{4}+3\frac{2}{5}\right)\div\left(\frac{3}{10}\times\frac{5}{3}+5-\frac{3}{2}\right)=1-\left(\frac{5}{20}+3\frac{8}{20}\right)\div\left(\frac{1}{2}+5-\frac{3}{2}\right)=1-\frac{73}{20}\div4=1-\frac{73}{80}=\frac{7}{80}$

(7) $\left(3\div0.25\times\frac{1}{3}-0.7\times1\frac{1}{7}\right)\div\left(0.8\div1.2-1\frac{1}{5}\times\frac{1}{3}\right)=\left(3\times4\times\frac{1}{3}-\frac{7}{10}\times\frac{8}{7}\right)\div\left(\frac{4}{5}\times\frac{5}{6}-\frac{6}{5}\times\frac{1}{3}\right)=\left(4-\frac{4}{5}\right)\div\left(\frac{2}{3}-\frac{2}{5}\right)=\frac{16}{5}\div\frac{4}{15}=12$

(8) $4.25+\frac{13}{6}=4\frac{1}{4}+\frac{13}{6}=4\frac{3}{12}+\frac{26}{12}=\frac{77}{12}$, $2.4-1\frac{1}{7}=2\frac{2}{5}-1\frac{1}{7}=2\frac{14}{35}-1\frac{5}{35}=\frac{44}{35}$より, $\frac{77}{12}\div\frac{44}{35}-5=\frac{77}{12}\times\frac{35}{44}-5=\frac{245}{48}-5=5\frac{5}{48}-5=\frac{5}{48}$

(9) $\left(\frac{2}{3}+0.125\right)\div\left(4-2.25\times1\frac{2}{3}\right)=\left(\frac{2}{3}+\frac{1}{8}\right)\div\left(4-\frac{9}{4}\times\frac{5}{3}\right)=\left(\frac{16}{24}+\frac{3}{24}\right)\div\left(4-\frac{15}{4}\right)=\frac{19}{24}\div\frac{1}{4}=\frac{19}{24}\times4=\frac{19}{6}=3\frac{1}{6}$

(10) $\left(\frac{9}{12}-\frac{8}{12}\right)\times2+\frac{15}{4}\div\frac{3}{2}-3\times0.25=\frac{1}{12}\times2+\frac{15}{4}\times\frac{2}{3}-3\times\frac{1}{4}=\frac{2}{12}+\frac{30}{12}-\frac{9}{12}=\frac{23}{12}=1\frac{11}{12}$

24 整数と小数と分数の計算④

こたえ (1) $\frac{1}{2}$ (2) 18 (3) 1 (4) 2 (5) $1\frac{3}{5}$ (6) $2\frac{17}{21}$ (7) 7 (8) $1\frac{9}{16}$ (9) 59 (10) 23

くわしい解き方 (1) $\frac{1}{6}+\left\{2-\frac{1}{3}\times(5-0.5)\right\}\times\frac{2}{3}=\frac{1}{6}+\left(2-\frac{1}{3}\times4\frac{1}{2}\right)\times\frac{2}{3}=\frac{1}{6}+\left(2-1\frac{1}{2}\right)\times\frac{2}{3}=\frac{1}{6}+\frac{1}{2}\times\frac{2}{3}=\frac{1}{6}+\frac{1}{3}=\frac{1}{2}$

(2) $5+\left\{\frac{1}{5}+\left(5-\frac{1}{5}\right)\times0.5\right\}\div\frac{1}{5}=5+\left(\frac{1}{5}+4\frac{4}{5}\times\frac{1}{2}\right)\times5=5+\frac{13}{5}\times5=18$

(3) $\frac{1}{6}+\left\{1-\frac{1}{3}\times(2-0.5)\right\}\times\frac{5}{3}=\frac{1}{6}+\left(1-\frac{1}{3}\times\frac{3}{2}\right)\times\frac{5}{3}=\frac{1}{6}+\frac{1}{2}\times\frac{5}{3}=\frac{1}{6}+\frac{5}{6}=1$

(4) $\left\{\left(1\frac{2}{3}-1\frac{1}{4}\right)\times0.6+2\right\}\div1.125=\left\{\left(1\frac{8}{12}-1\frac{3}{12}\right)\times\frac{3}{5}+2\right\}\div1\frac{1}{8}=\left(\frac{5}{12}\times\frac{3}{5}+2\right)\div\frac{9}{8}=\left(\frac{1}{4}+2\right)\times\frac{8}{9}=\frac{9}{4}\times\frac{8}{9}=2$

(5) $16-\left\{3-\left(3\frac{1}{4}-2\frac{1}{2}\right)\times1.6\right\}\div0.125=16-\left\{3-\left(\frac{13}{4}-\frac{10}{4}\right)\times\frac{8}{5}\right\}\div\frac{1}{8}=16-\left(3-\frac{3}{4}\times\frac{8}{5}\right)\div\frac{1}{8}=16-\left(3-\frac{6}{5}\right)\div\frac{1}{8}=16-\frac{9}{5}\times\frac{8}{1}=16-14\frac{2}{5}=1\frac{3}{5}$

(6) $3-\left\{1-\left(2\frac{1}{4}-1\frac{2}{3}\right)\div0.75\right\}\div1\frac{1}{6}=3-\left\{1-\left(2\frac{3}{12}-1\frac{8}{12}\right)\div\frac{3}{4}\right\}\div\frac{7}{6}=3-\left(1-\frac{7}{12}\times\frac{4}{3}\right)\times\frac{6}{7}=3-\left(1-\frac{7}{9}\right)\times\frac{6}{7}=3-\frac{2}{9}\times\frac{6}{7}=3-\frac{4}{21}=2\frac{17}{21}$

(7) $6+2\frac{2}{3}\times\left\{0.75\div\left(2-\frac{2}{3}\right)\right\}-0.6\div1.2=6+\frac{8}{3}\times\left(\frac{3}{4}\div1\frac{1}{3}\right)-\frac{6}{10}\div1\frac{1}{5}=6+\frac{8}{3}\times\left(\frac{3}{4}\times\frac{3}{4}\right)-\frac{6}{10}\times\frac{5}{6}=6+\frac{8}{3}\times\frac{9}{16}-\frac{1}{2}=6+\frac{3}{2}-\frac{1}{2}=7$

(8) $\left\{\left(12-3\frac{2}{3}\right)\times2.25-15\right\}\div\left(1\frac{1}{2}-\frac{6}{5}\right)\div8=\left(8\frac{1}{3}\times2\frac{1}{4}-15\right)\div\left(1\frac{5}{10}-\frac{12}{10}\right)\div8=\left(\frac{25}{3}\times\frac{9}{4}-15\right)\div\frac{3}{10}\div8=\left(\frac{75}{4}-15\right)\times\frac{10}{3}\times\frac{1}{8}=\frac{15}{4}\times\frac{10}{3}\times\frac{1}{8}=\frac{25}{16}=1\frac{9}{16}$

(9) $\left[6\div\left\{4\div\left(5\frac{1}{3}+2\frac{8}{15}\right)\right\}\times3\frac{1}{5}\right]\div0.64=\left\{6\div\left(4\div\frac{118}{15}\right)\times\frac{16}{5}\right\}\times\frac{25}{16}=\left(6\times\frac{59}{30}\times\frac{16}{5}\right)\times\frac{25}{16}=\frac{944}{25}\times\frac{25}{16}=59$

(10) $2\times\left[12.5-\left\{\frac{1}{8}\div\left(3\frac{1}{4}+\frac{3}{4}\times2\right)\times(16.8\times2.5-4)\right\}\right]=2\times\left[12.5-\left\{\frac{1}{8}\div4\frac{3}{4}\times(42-4)\right\}\right]=2\times\left(12.5-\frac{1}{8}\times\frac{4}{19}\times38\right)=2\times(12.5-1)=2\times11.5=23$

25 計算のくふう①

こたえ (1) 5.2 (2) 314 (3) 15.7 (4) 62.8 (5) 104 (6) 62.3 (7) 213 (8) 28950 (9) 204 (10) 1

くわしい解き方 (1) $6.72\times0.8-0.22\times0.8=(6.72-0.22)\times0.8=6.5\times0.8=5.2$

(2) $8\times8\times3.14+6\times6\times3.14=(8\times8+6\times6)\times3.14=100\times3.14=314$

(3) $2.6\times3.14+5.5\times3.14-3.1\times3.14=(2.6+5.5-3.1)\times3.14=5\times3.14=15.7$

(4) $31.4\times2.72-3.14\times8+0.314\times8=3.14\times10\times2.72-3.14\times8+3.14\times8\div10=3.14\times(27.2-8+0.8)=3.14\times20=62.8$

(5) $10.4\times9+5.2\times6-10.4\times2=10.4\times9+10.4\times3-10.4\times2=(9+3-2)\times10.4=10\times10.4=104$

(6) $6.23\times7.3+6.23\times5.2-6.23\times2.5=6.23\times(7.3+5.2-2.5)=6.23\times10=62.3$

(7) $21.3\times7+42.6\times3-2.13\times30=21.3\times7+21.3\times2\times3-21.3\times3=21.3\times7+21.3\times6-21.3\times3=21.3\times(7+6-3)=21.3\times10=213$

(8) $62\times218+747\times62-965\times32=62\times(218+747)-965\times32=62\times965-965\times32=965\times(62-32)=965\times30=28950$

(9) $99\times3+98\times4-97\times5=(100-1)\times3+(100-2)\times4-(100-3)\times5=(100\times3-1\times3)+(100\times4-2\times4)-(100\times5-3\times5)=100\times3+100\times4-100\times5-3-8+15=200+4=204$

(10) $3357\times7622+4357\times8623-3356\times7623-4358\times8622=(3356+1)\times7622+4357\times(8622+1)-3356\times(7622+1)-(4357+1)\times8622=3356\times7622+7622+4357\times8622+4357-3356\times7622-3356-4357\times8622-8622=7622+4357-3356-8622=11979-11978=1$

26 計算のくふう②

こたえ **(1)** 8 **(2)** 1 **(3)** 3 **(4)** 542 **(5)** 70 **(6)** 1 **(7)** 215 **(8)** 15 **(9)** $\frac{3}{32}$ **(10)** 11106

くわしい解き方 **(1)** $152\div25+48\div25=(152+48)\div25=200\div25=8$

(2) $0.25\div0.05-0.2\div0.05=(0.25-0.2)\div0.05=0.05\div0.05=1$

(3) $(0.5\div3-0.4\div3+0.2\div3)\times30=(0.5-0.4+0.2)\div3\times30=0.3\div3\times30=0.1\times30=3$

(4) $87654\div123+45678\div123-12345\div123-54321\div123=(87654+45678-12345-54321)\div123=66666\div123=542$

(5) $(29\times5+21\times5)\div4+(3\times16-3\times6)\div4=\{(29+21)\times5\}\div4+\{(16-6)\times3\}\div4=(50\times5)\div4+(10\times3)\div4=(250+30)\div4=280\div4=70$

(6) $(231\times1.3-1020\times0.5+169\times1.3)\div10=\{(231+169)\times1.3-510\}\div10=(400\times1.3-510)\div10=(520-510)\div10=10\div10=1$

(7) $18.56\times4.3+32.75\div10\times43-1.31\times4.3=(18.56+32.75-1.31)\times4.3=50\times4.3=215$

(8) $(40\times3.14-5\times2\times3.14)\div2\div3.14=(40\times3.14-10\times3.14)\div2\div3.14=\{(40-10)\times3.14\}\div2\div3.14=(30\times3.14)\div2\div3.14=\frac{30\times3.14}{2\times3.14}=15$

(9) $0.125=\frac{1}{8}$ より，$0.125\div0.5-0.25\times(0.25-0.125)-0.125=\frac{1}{8}\div\frac{1}{2}-\frac{1}{4}\times\left(\frac{1}{4}-\frac{1}{8}\right)-\frac{1}{8}=\frac{1}{8}\times2-\frac{1}{4}\times\frac{1}{8}-\frac{1}{8}=\frac{1}{8}\times\left(2-\frac{1}{4}-1\right)=\frac{1}{8}\times\frac{3}{4}=\frac{3}{32}$

(10) $9+99+999+9999=(10-1)+(100-1)+(1000-1)+(10000-1)=10+100+1000+10000-1-1-1-1=11110-4=11106$

27 計算のくふう③

こたえ **(1)** 50 **(2)** 436 **(3)** 0 **(4)** 7.5 **(5)** 17 **(6)** 7.04 **(7)** $\frac{19}{66}$ **(8)** 23 **(9)** 61.5 **(10)** $\frac{1}{16}$

くわしい解き方 **(1)** $1+3+5+7+\cdots+99-2-4-6-\cdots-98=(1+99)\times50\div2-(2+98)\times49\div2=100\times50\div2-100\times49\div2=(50-49)\times100\div2=50$

(2) $51+52+53+54+55+56+57+58=(51+58)\times8\div2=436$

(3) $\{(96+98+100+102+104)-(95+97+99+101+103)\}-\frac{85}{17}=(96-95)+(98-97)+(100-99)+(102-101)+(104-103)-\frac{85}{17}=1\times5-5=0$

(4) $3.345\times2.5+2.225\times2.5+4.43\times2.5-7\div\frac{2}{5}=(3.345+2.225+4.43-7)\times\frac{5}{2}=3\times\frac{5}{2}=3\times2.5=7.5$

(5) $0.8\times0.8\times13.6+0.5\times0.5\times\frac{136}{10}+0.6\times0.6\times13\frac{3}{5}=(0.8\times0.8+0.5\times0.5+0.6\times0.6)\times13.6=(0.64+0.25+0.36)\times13.6=1.25\times13.6=\frac{5}{4}\times\frac{136}{10}=17$

(6) $37\frac{1}{19}\times0.72-37\frac{1}{19}\times0.53=(0.72-0.53)\times37\frac{1}{19}=0.19\times37\frac{1}{19}=\frac{19}{100}\times\frac{704}{19}=\frac{704}{100}=7.04$

(7) $\frac{1}{2}\times\frac{1}{11}+3\times\frac{1}{11}-\frac{1}{3}\times\frac{1}{11}=\left(\frac{1}{2}+3-\frac{1}{3}\right)\times\frac{1}{11}=\left(\frac{3}{6}+3-\frac{2}{6}\right)\times\frac{1}{11}=3\frac{1}{6}\times\frac{1}{11}=\frac{19}{6}\times\frac{1}{11}=\frac{19}{66}$

(8) $23\times\frac{5}{12}+\frac{1}{5}\times23+\frac{17}{60}\times23+23\times\frac{1}{10}=23\times\left(\frac{5}{12}+\frac{1}{5}+\frac{17}{60}+\frac{1}{10}\right)=23\times\left(\frac{25}{60}+\frac{12}{60}+\frac{17}{60}+\frac{6}{60}\right)=23\times\frac{60}{60}=23$

(9) $60\times\frac{1}{4}+61\times\frac{1}{4}+62\times\frac{1}{4}+63\times\frac{1}{4}=(60+61+62+63)\times\frac{1}{4}=246\times\frac{1}{4}=61.5$

(10) $\frac{1}{4}+\frac{1}{3}\times\frac{1}{4}-\frac{1}{4}\times\left(\frac{1}{3}+\frac{1}{4}\div\frac{1}{3}\right)=\frac{1}{4}\times\left\{1+\frac{1}{3}-\right.$

$\left(\frac{4}{12}+\frac{9}{12}\right)\Big\}=\frac{1}{4}\times\left(\frac{12}{12}+\frac{4}{12}-\frac{13}{12}\right)=\frac{1}{4}\times\frac{1}{4}=\frac{1}{16}$

28 計算のくふう④

こたえ (1) $\frac{2}{323}$ (2) $\frac{7}{72}$ (3) $\frac{7}{8}$ (4) $\frac{2}{9}$ (5) $\frac{1}{14}$ (6) $\frac{7}{10}$ (7) $\frac{7}{30}$ (8) 1 (9) $\frac{9}{10}$ (10) $\frac{19}{144}$

くわしい解き方 (1) $\frac{1}{17\times18}+\frac{1}{18\times19}=\frac{1}{17}-\frac{1}{18}+\frac{1}{18}-\frac{1}{19}=\frac{1}{17}-\frac{1}{19}=\frac{19}{323}-\frac{17}{323}=\frac{2}{323}$

(2) $\frac{1}{3\times4}+\frac{2}{4\times9}-\frac{6}{3\times4\times12}=\frac{1}{3\times4}+\frac{1}{2\times9}-\frac{1}{3\times4\times2}=\frac{6}{3\times4\times6}+\frac{4}{2\times9\times4}-\frac{3}{3\times4\times2\times3}=\frac{7}{72}$

(3) $\frac{1}{1\times2}=\frac{1}{1}-\frac{1}{2}$, $\frac{1}{2\times3}=\frac{1}{2}-\frac{1}{3}$, $\frac{1}{3\times4}=\frac{1}{3}-\frac{1}{4}$, …より, $\frac{1}{1\times2}+\frac{1}{2\times3}+\frac{1}{3\times4}+\frac{1}{4\times5}+\frac{1}{5\times6}+\frac{1}{6\times7}+\frac{1}{7\times8}=\frac{1}{1}-\frac{1}{2}+\frac{1}{2}-\frac{1}{3}+\frac{1}{3}-\frac{1}{4}+\frac{1}{4}-\frac{1}{5}+\frac{1}{5}-\frac{1}{6}+\frac{1}{6}-\frac{1}{7}+\frac{1}{7}-\frac{1}{8}=1-\frac{1}{8}=\frac{7}{8}$

(4) $\frac{1}{3\times4}=\frac{4}{12}-\frac{3}{12}=\frac{1}{3}-\frac{1}{4}$。同様に, $\frac{1}{4\times5}=\frac{1}{4}-\frac{1}{5}$, $\frac{1}{5\times6}=\frac{1}{5}-\frac{1}{6}$, $\frac{1}{6\times7}=\frac{1}{6}-\frac{1}{7}$, …。よって, $\frac{1}{3\times4}+\frac{1}{4\times5}+\frac{1}{5\times6}+\frac{1}{6\times7}+\frac{1}{7\times8}+\frac{1}{8\times9}=\frac{1}{3}-\frac{1}{4}+\frac{1}{4}-\frac{1}{5}+\frac{1}{5}-\frac{1}{6}+\frac{1}{6}-\frac{1}{7}+\frac{1}{7}-\frac{1}{8}+\frac{1}{8}-\frac{1}{9}=\frac{1}{3}-\frac{1}{9}=\frac{3}{9}-\frac{1}{9}=\frac{2}{9}$

(5) $\frac{1}{2\times3\times4}+\frac{1}{3\times4\times5}=\frac{5}{2\times3\times4\times5}+\frac{2}{2\times3\times4\times5}=\frac{7}{2\times3\times4\times5}=\frac{7}{4\times5\times6}$ より, $\frac{1}{2\times3\times4}+\frac{1}{3\times4\times5}+\frac{1}{4\times5\times6}+\frac{1}{5\times6\times7}=\frac{7}{4\times5\times6}+\frac{1}{4\times5\times6}+\frac{1}{5\times6\times7}=\frac{8}{4\times5\times6}+\frac{1}{5\times6\times7}=\frac{2}{5\times6}+\frac{1}{5\times6\times7}=\frac{2\times7}{5\times6\times7}+\frac{1}{5\times6\times7}=\frac{15}{5\times6\times7}=\frac{1}{2\times7}=\frac{1}{14}$

(6) $\frac{47}{60}-\left(\frac{1}{13\times2}+\frac{1}{13\times3}+\frac{1}{13\times4}\right)=\frac{47}{60}-\left(\frac{3\times2}{13\times3\times4}+\frac{4}{13\times3\times4}+\frac{3}{13\times3\times4}\right)=\frac{47}{60}-\frac{6+4+3}{13\times3\times4}=\frac{47}{60}-\frac{13}{13\times3\times4}=\frac{47}{60}-\frac{1}{3\times4}=\frac{47}{60}-\frac{5}{60}=\frac{42}{60}=\frac{7}{10}$

(7) $\frac{1}{1\times2\times3}=\frac{1}{2}\times\left(\frac{1}{1\times2}-\frac{1}{2\times3}\right)$ を利用すると, $\frac{1}{2}\times\left\{\left(\frac{1}{1\times2}-\frac{1}{2\times3}\right)+\left(\frac{1}{2\times3}-\frac{1}{3\times4}\right)+\left(\frac{1}{3\times4}-\frac{1}{4\times5}\right)+\left(\frac{1}{4\times5}-\frac{1}{5\times6}\right)\right\}=\frac{1}{2}\times\left(\frac{1}{1\times2}-\frac{1}{5\times6}\right)=\frac{1}{2}\times\left(\frac{15}{30}-\frac{1}{30}\right)=\frac{7}{30}$

(8) $\left(\frac{7}{3}-\frac{7}{4}\right)\div\frac{7}{6}+\left(\frac{7}{4}-\frac{7}{5}\right)\div\frac{7}{6}+\left(\frac{7}{5}-\frac{7}{6}\right)\div\frac{7}{6}=\left(\frac{7}{3}-\frac{7}{4}+\frac{7}{4}-\frac{7}{5}+\frac{7}{5}-\frac{7}{6}\right)\div\frac{7}{6}=\left(\frac{7}{3}-\frac{7}{6}\right)\times\frac{6}{7}=\left(\frac{14}{6}-\frac{7}{6}\right)\times\frac{6}{7}=\frac{7}{6}\times\frac{6}{7}=1$

(9) $\frac{1}{2}+\frac{1}{6}+\frac{1}{12}+\frac{1}{20}+\frac{1}{30}+\frac{1}{42}+\frac{1}{56}+\frac{1}{72}+\frac{1}{90}=\frac{1}{1\times2}+\frac{1}{2\times3}+\frac{1}{3\times4}+\frac{1}{4\times5}+\frac{1}{5\times6}+\frac{1}{6\times7}+\frac{1}{7\times8}+\frac{1}{8\times9}+\frac{1}{9\times10}=\frac{1}{1}-\frac{1}{2}+\frac{1}{2}-\frac{1}{3}+\frac{1}{3}-\frac{1}{4}+\frac{1}{4}-\frac{1}{5}+\frac{1}{5}-\frac{1}{6}+\frac{1}{6}-\frac{1}{7}+\frac{1}{7}-\frac{1}{8}+\frac{1}{8}-\frac{1}{9}+\frac{1}{9}-\frac{1}{10}=1-\frac{1}{10}=\frac{9}{10}$

(10) $\frac{1}{2}\times\frac{1}{3}-\frac{1}{2}\times\frac{1}{3}\times\frac{1}{4}+\frac{1}{2}\times\frac{1}{3}\times\frac{1}{4}\times\frac{1}{5}-\frac{1}{2}\times\frac{1}{3}\times\frac{1}{4}\times\frac{1}{5}\times\frac{1}{6}=\frac{1}{2}\times\frac{1}{3}-\frac{1}{2}\times\frac{1}{3}\times\frac{1}{4}+\frac{1}{2}\times\frac{1}{3}\times\frac{1}{4}\times\frac{1}{5}\times\left(1-\frac{1}{6}\right)=\frac{1}{2}\times\frac{1}{3}-\frac{1}{2}\times\frac{1}{3}\times\frac{1}{4}+\frac{1}{2}\times\frac{1}{3}\times\frac{1}{4}\times\frac{1}{5}\times\frac{5}{6}=\frac{1}{2}\times\frac{1}{3}-\frac{1}{2}\times\frac{1}{3}\times\frac{1}{4}+\frac{1}{2}\times\frac{1}{3}\times\frac{1}{4}\times\frac{1}{6}=\frac{1}{2}\times\frac{1}{3}-\frac{1}{2}\times\frac{1}{3}\times\frac{1}{4}\times\left(1-\frac{1}{6}\right)=\frac{1}{2}\times\frac{1}{3}-\frac{1}{2}\times\frac{1}{3}\times\frac{1}{4}\times\frac{5}{6}=\frac{1}{2}\times\frac{1}{3}\times\left(1-\frac{5}{24}\right)=\frac{1}{6}\times\frac{19}{24}=\frac{19}{144}$

29 還元算(□を求める計算)①

こたえ (1) $2\frac{1}{3}$ (2) 20 (3) 8 (4) 28 (5) 6 (6) 13 (7) 23 (8) 100 (9) $1\frac{1}{5}$ (10) 23

くわしい解き方 (1) 1÷(□−2)=3より, □−2=1÷3=$\frac{1}{3}$ よって, □=$\frac{1}{3}$+2=$2\frac{1}{3}$

(2) (52−□)×4+16=144より, (52−□)×4=144−16=128, 52−□=128÷4=32 よって, □=52−32=20

(3) (8+4×□)÷2−14=6より, (8+4×□)÷2=6+14=20, 8+4×□=20×2=40, 4×□=40−8=32 よって, □=32÷4=8

(4) 4×(□×65−12×91)=112×26より, (□×65−1092)=112×26÷4=728, □×65=728+1092=1820 よって, □=1820÷65=28

(5) 27−(2×6+□÷2)=12より, (12+□÷2)=27−12=15, □÷2=15−12=3 よって, □=3×2=6

(6) 375×(□×3−5×7)÷15×7=700より, 375×(□×3−35)÷15=700÷7=100, 375×(□×3−35)=100×15=1500, □×3−35=1500÷375=4, □×3=4+35=39 よって, □=39÷3=13

(7) (365−89)÷□×52−28=596より, 276÷□×52=596+28=624, 276÷□=624÷52=12 よって, □=276÷12=23

(8) $\{\square-(115+137)\div9\}\div24+2=5$ より，$\{\square-(115+137)\div9\}\div24=5-2=3$，$\square-252\div9=3\times24=72$ よって，$\square=72+252\div9=100$

(9) $42\times\{\square+(8\times2-7)\div5\}\div(3\div7)=294$ より，$42\times(\square+9\div5)\div\frac{3}{7}=294$，$\left(\square+\frac{9}{5}\right)\times\frac{7}{3}=294\div42=7$，$\square+\frac{9}{5}=7\div\frac{7}{3}=7\times\frac{3}{7}=3$ よって，$\square=3-\frac{9}{5}=\frac{6}{5}=1\frac{1}{5}$

(10) $4\times24-\{95-(\square-15)\}\div3-(50-12\times3)\times2=39$ より，$96-\{95-(\square-15)\}\div3-28=39$，$68-\{95-(\square-15)\}\div3=39$，$95-(\square-15)=(68-39)\times3=87$，$\square-15=95-87=8$ よって，$\square=8+15=23$

30 還元算(□を求める計算)②

こたえ (1) 76 (2) 3.2 (3) 4 (4) 4.3 (5) $2\frac{5}{12}$ (6) 172 (7) $\frac{5}{14}$ (8) $1\frac{1}{4}$ (9) 10 (10) $2\frac{2}{5}$

くわしい解き方 (1) $\square\div5-1.2\times5=9.2$ より，$\square\div5=9.2+6=15.2$ よって，$\square=15.2\times5=76$

(2) $\{63.4+(30.1-26.5)\times\square\}\times5=374.6$ より，$(63.4+3.6\times\square)\times5=374.6$，$63.4+3.6\times\square=374.6\div5=74.92$，$3.6\times\square=74.92-63.4=11.52$ よって，$\square=11.52\div3.6=3.2$

(3) $(12-2\times3\div\square)\div3+0.5=4$ より，$12-2\times3\div\square=(4-0.5)\times3$，$\frac{6}{\square}=12-10.5$，$\frac{6}{\square}=\frac{3}{2}$，$\frac{6}{\square}=\frac{6}{4}$ よって，$\square=4$

(4) $3.62\times\square-5.783=9.783$ より，$3.62\times\square=9.783+5.783=15.566$ よって，$\square=15.566\div3.62=4.3$

(5) $206\frac{5}{29}\times\square\div\frac{1}{4}=1993$ より，$\square=1993\times\frac{1}{4}\div206\frac{5}{29}=1993\times\frac{1}{4}\times\frac{29}{5979}=\frac{29}{12}=2\frac{5}{12}$

(6) $12\times3\frac{1}{3}\div\frac{2}{9}-\square=8$ より，$\square=12\times\frac{10}{3}\times\frac{9}{2}-8=180-8=172$

(7) $3\div(5-2\times\square)\div7=\frac{1}{10}$ より，$3\div(5-2\times\square)=\frac{1}{10}\times7=\frac{7}{10}$，$5-2\times\square=3\div\frac{7}{10}=3\times\frac{10}{7}=4\frac{2}{7}$，$2\times\square=5-4\frac{2}{7}=\frac{5}{7}$ よって，$\square=\frac{5}{7}\div2=\frac{5}{14}$

(8) $\left(2\frac{1}{4}+\square\right)\div3\frac{1}{2}=1$ より，$2\frac{1}{4}+\square=1\times3\frac{1}{2}=3\frac{1}{2}$ よって，$\square=3\frac{1}{2}-2\frac{1}{4}=3\frac{2}{4}-2\frac{1}{4}=1\frac{1}{4}$

(9) $\square\div2\frac{7}{9}\div\frac{14}{5}=\frac{9}{7}$ より，$\square\div\frac{25}{9}=\frac{9}{7}\times\frac{14}{5}=\frac{18}{5}$ よって，$\square=\frac{18}{5}\times\frac{25}{9}=10$

(10) $\frac{5}{8}\times\square+5\div2\times(6-3)=9$ より，$\frac{5}{8}\times\square=9-5\div2\times3=9-\frac{15}{2}=\frac{3}{2}$ よって，$\square=\frac{3}{2}\div\frac{5}{8}=\frac{3}{2}\times\frac{8}{5}=\frac{12}{5}=2\frac{2}{5}$

31 還元算(□を求める計算)③

こたえ (1) 56 (2) $1\frac{1}{2}$ (3) $\frac{5}{6}$ (4) $\frac{9}{14}$ (5) 7 (6) $10\frac{1}{2}$ (7) $\frac{1}{2}$ (8) $1\frac{1}{3}$ (9) 6 (10) 43

くわしい解き方 (1) $\frac{1}{2}\times\square-(9\times13-39)\div3=2$ より，$\frac{1}{2}\times\square-(117-39)\div3=2$，$\frac{1}{2}\times\square-26=2$，$\frac{1}{2}\times\square=2+26=28$ よって，$\square=28\div\frac{1}{2}=56$

(2) $\left(\frac{1}{2}-\frac{1}{3}+\square\right)\times6-8=2$ より，$\left(\frac{3}{6}-\frac{2}{6}+\square\right)\times6=2+8=10$，$\left(\frac{1}{6}+\square\right)=10\div6=\frac{10}{6}$ よって，$\square=\frac{10}{6}-\frac{1}{6}=\frac{9}{6}=1\frac{1}{2}$

(3) $\frac{4}{7}\div\left(\square+\frac{1}{8}\right)=\frac{96}{161}$ より，$\square+\frac{1}{8}=\frac{4}{7}\div\frac{96}{161}=\frac{4}{7}\times\frac{161}{96}=\frac{23}{24}$ よって，$\square=\frac{23}{24}-\frac{1}{8}=\frac{5}{6}$

(4) $5\frac{2}{3}+2\frac{1}{3}\times\square\div2\frac{5}{8}=6\frac{5}{21}$ より，$2\frac{1}{3}\times\square\div2\frac{5}{8}=6\frac{5}{21}-5\frac{2}{3}=6\frac{5}{21}-5\frac{14}{21}=\frac{4}{7}$，$2\frac{1}{3}\times\square=\frac{4}{7}\times2\frac{5}{8}=\frac{4\times21}{7\times8}=\frac{3}{2}$ よって，$\square=\frac{3}{2}\div2\frac{1}{3}=\frac{3}{2}\times\frac{3}{7}=\frac{9}{14}$

(5) $\left(3\frac{2}{3}+\square\times\frac{3}{4}-2\frac{1}{4}\right)\div\frac{5}{6}=8$ より，$\square\times\frac{3}{4}+1\frac{5}{12}=8\times\frac{5}{6}=\frac{20}{3}$，$\square\times\frac{3}{4}=\frac{20}{3}-\frac{17}{12}=\frac{80}{12}-\frac{17}{12}=\frac{21}{4}$ よって，$\square=\frac{21}{4}\div\frac{3}{4}=\frac{21}{4}\times\frac{4}{3}=7$

(6) $\frac{5}{7}-\frac{2}{3}\div\left(\frac{13}{4}-\square\times\frac{1}{6}\right)=\frac{17}{63}$ より，$\frac{2}{3}\div\left(\frac{13}{4}-\square\times\frac{1}{6}\right)=\frac{5}{7}-\frac{17}{63}=\frac{45}{63}-\frac{17}{63}=\frac{28}{63}=\frac{4}{9}$，$\frac{13}{4}-\square\times\frac{1}{6}=\frac{2}{3}\div\frac{4}{9}=\frac{2}{3}\times\frac{9}{4}=\frac{3}{2}$，$\square\times\frac{1}{6}=\frac{13}{4}-\frac{3}{2}=\frac{13}{4}-\frac{6}{4}=\frac{7}{4}$ よって，$\square=\frac{7}{4}\div\frac{1}{6}=\frac{7}{4}\times\frac{6}{1}=\frac{42}{4}=\frac{21}{2}=10\frac{1}{2}$

(7) $\left(4\times1\frac{1}{5}-2\div3\frac{1}{3}\right)\times\square+\frac{2}{5}=2\frac{1}{2}$ より，$\left(4\times\frac{6}{5}-2\times\frac{3}{10}\right)\times\square=2\frac{1}{2}-\frac{2}{5}$，$\frac{21}{5}\times\square=2\frac{5}{10}-\frac{4}{10}=2\frac{1}{10}$ よって，$\square=2\frac{1}{10}\div\frac{21}{5}=\frac{21}{10}\times\frac{5}{21}=\frac{1}{2}$

(8) $1\frac{2}{3}-\square\times\left(8\frac{1}{4}\div3-1\frac{3}{7}\times1\frac{2}{5}\right)=\frac{2}{3}$ より，$1\frac{2}{3}-\square\times\left(\frac{11}{4}-2\right)=\frac{2}{3}$，$1\frac{2}{3}-\square\times\frac{3}{4}=\frac{2}{3}$ よって，$\square=\left(1\frac{2}{3}-\frac{2}{3}\right)\div\frac{3}{4}=1\frac{1}{3}$

(9) $\left\{(\square-1)\times\frac{1}{3}+4\right\}\div2=2\frac{5}{6}$ より，$(\square-1)\times\frac{1}{3}+4=\frac{17}{6}\times2=\frac{17}{3}$，$(\square-1)\times\frac{1}{3}=\frac{17}{3}-4=\frac{17}{3}-\frac{12}{3}=\frac{5}{3}$，

□$-1=\frac{5}{3}\div\frac{1}{3}=\frac{5}{3}\times\frac{3}{1}=5$　よって，□$=5+1=6$

(10)　$165-\left\{71+(82-\square)\times\frac{1}{3}\right\}\div2=123$より，{　}$\div2=165-125=42$　よって，$71+(82-\square)\times\frac{1}{3}=42\times2=84$，$(82-\square)\times\frac{1}{3}=84-71=13$　したがって，$82-\square=13\div\frac{1}{3}=39$より，□$=82-39=43$

32　還元算(□を求める計算)④

こたえ　(1)　3　(2)　$\frac{2}{3}$　(3)　$\frac{1}{4}$　(4)　$\frac{1}{3}$　(5)　$\frac{1}{2}$　(6)　$\frac{3}{17}$　(7)　$\frac{5}{18}$　(8)　$3\frac{7}{8}$　(9)　$\frac{3}{7}$　(10)　3

くわしい解き方　(1)　$\frac{11}{5}+\frac{9}{5}\div\square+0.2=3$より，$\frac{9}{5}\div\square=3-0.2-\frac{11}{5}=2.8-2.2=0.6$　よって，□$=\frac{9}{5}\div0.6=\frac{9}{5}\times\frac{5}{3}=3$

(2)　$1.75\div1\frac{1}{6}-\square\div0.8=\frac{2}{3}$より，$1\frac{3}{4}\div1\frac{1}{6}-\square\div\frac{4}{5}=\frac{2}{3}$，$\square\div\frac{4}{5}=\frac{7}{4}\times\frac{6}{7}-\frac{2}{3}=\frac{3}{2}-\frac{2}{3}=\frac{9}{6}-\frac{4}{6}=\frac{5}{6}$　よって，□$=\frac{5}{6}\times\frac{4}{5}=\frac{2}{3}$

(3)　$0.9\times\square+0.3\div1\frac{5}{7}+0.375\times1\frac{3}{5}=1$より，$0.9\times\square=1-0.375\times1\frac{3}{5}-0.3\div1\frac{5}{7}=1-\frac{3}{8}\times\frac{8}{5}-\frac{3}{10}\times\frac{7}{12}=1-\frac{3}{5}-\frac{7}{40}=1-\frac{24}{40}-\frac{7}{40}=\frac{9}{40}$　よって，□$=\frac{9}{40}\div0.9=\frac{9}{40}\times\frac{10}{9}=\frac{1}{4}$

(4)　$(0.4-\square)\times5.5+0.3=\frac{2}{3}$より，$(0.4-\square)\times\frac{11}{2}=\frac{2}{3}-0.3=\frac{20}{30}-\frac{9}{30}=\frac{11}{30}$，$0.4-\square=\frac{11}{30}\div\frac{11}{2}=\frac{11}{30}\times\frac{2}{11}=\frac{1}{15}$　よって，□$=0.4-\frac{1}{15}=\frac{2}{5}-\frac{1}{15}=\frac{6}{15}-\frac{1}{15}=\frac{5}{15}=\frac{1}{3}$

(5)　$\left(0.6-\square+\frac{7}{30}\right)\div1\frac{1}{3}=\frac{1}{4}$より，$\frac{3}{5}-\square+\frac{7}{30}=\frac{1}{4}\times\frac{4}{3}=\frac{1}{3}$　よって，□$=\frac{3}{5}+\frac{7}{30}-\frac{1}{3}=\frac{18}{30}+\frac{7}{30}-\frac{10}{30}=\frac{15}{30}=\frac{1}{2}$

(6)　$\left(\frac{2}{3}\div\square-\frac{5}{9}\right)\times0.6=1\frac{14}{15}$より，$\frac{2}{3}\div\square-\frac{5}{9}=1\frac{14}{15}\div0.6=\frac{29}{15}\times\frac{5}{3}=\frac{29}{9}$，$\frac{2}{3}\div\square=\frac{29}{9}+\frac{5}{9}=\frac{34}{9}$　よって，□$=\frac{2}{3}\div\frac{34}{9}=\frac{2}{3}\times\frac{9}{34}=\frac{3}{17}$

(7)　$\left(3\frac{1}{3}-0.5\right)-\square\times3=2$より，$\square\times3=\left(3\frac{1}{3}-0.5\right)-2=3\frac{1}{3}-\frac{1}{2}-2=3\frac{2}{6}-\frac{3}{6}-2=\frac{5}{6}$　よって，□$=\frac{5}{6}\div3=\frac{5}{18}$

(8)　$2\frac{1}{3}+4\frac{1}{6}\div(\square-0.75)=3\frac{2}{3}$より，$4\frac{1}{6}\div(\square-0.75)=3\frac{2}{3}-2\frac{1}{3}=1\frac{1}{3}$，$\square-0.75=4\frac{1}{6}\div1\frac{1}{3}=\frac{25}{6}\times\frac{3}{4}=\frac{25}{8}$　よって，□$=\frac{25}{8}+0.75=3\frac{1}{8}+\frac{3}{4}=3\frac{1}{8}+\frac{6}{8}=3\frac{7}{8}$

(9)　$\left\{1\frac{2}{7}-\left(\frac{2}{3}-\square\right)\right\}\div1\frac{4}{7}=\frac{2}{3}$より，$\frac{9}{7}-\left(\frac{2}{3}-\square\right)=\frac{2}{3}\times\frac{11}{7}=\frac{22}{21}$，$\frac{2}{3}-\square=\frac{9}{7}-\frac{22}{21}=\frac{27}{21}-\frac{22}{21}=\frac{5}{21}$　よって，□$=\frac{2}{3}-\frac{5}{21}=\frac{14}{21}-\frac{5}{21}=\frac{9}{21}=\frac{3}{7}$

(10)　$\left\{3\frac{3}{5}-(6-\square)+0.1\right\}\div0.25=4\times0.7$より，$\{3.6+0.1-(6-\square)\}\div0.25=2.8$，$3.7-(6-\square)=2.8\times0.25=0.7$，$6-\square=3.7-0.7=3$　よって，□$=6-3=3$

33　還元算(□を求める計算)⑤

こたえ　(1)　14　(2)　$\frac{7}{11}$　(3)　10　(4)　$1\frac{3}{7}$　(5)　$\frac{1}{15}$　(6)　6　(7)　$\frac{5}{6}$　(8)　51　(9)　$\frac{2}{3}$　(10)　$1\frac{1}{4}$

くわしい解き方　(1)　$\left(2\frac{1}{3}+\frac{4}{21}\times\square\right)\times0.125=\frac{5}{8}$より，$\frac{7}{3}+\frac{4}{21}\times\square=\frac{5}{8}\div\frac{1}{8}=\frac{5}{8}\times\frac{8}{1}=5$，$\frac{4}{21}\times\square=5-\frac{7}{3}=\frac{8}{3}$　よって，□$=\frac{8}{3}\div\frac{4}{21}=\frac{8}{3}\times\frac{21}{4}=14$

(2)　$\left(3\frac{1}{2}-\square\times1\frac{4}{7}\right)\div0.75=2\frac{2}{3}+\frac{2}{3}=\frac{10}{3}$より，$3\frac{1}{2}-\square\times\frac{11}{7}=\frac{10}{3}\times0.75=\frac{10}{3}\times\frac{3}{4}=\frac{5}{2}$，$\square\times\frac{11}{7}=3\frac{1}{2}-\frac{5}{2}=1$　よって，□$=1\div\frac{11}{7}=\frac{7}{11}$

(3)　$\left(0.125+2\frac{3}{4}\div\square\right)=2\div5=\frac{2}{5}$より，$2\frac{3}{4}\div\square=\frac{2}{5}-0.125=\frac{16}{40}-\frac{5}{40}=\frac{11}{40}$　よって，□$=2\frac{3}{4}\div\frac{11}{40}=\frac{11}{4}\times\frac{40}{11}=10$

(4)　$\frac{1}{3}\times1.26-(3\div\square-1.9)=\frac{11}{50}$より，$0.42-(3\div\square-1.9)=0.22$，$3\div\square-1.9=0.42-0.22=0.2$，$3\div\square=0.2+1.9=2.1$　よって，□$=3\div2.1=3\div\frac{21}{10}=\frac{3\times10}{21}=\frac{10}{7}=1\frac{3}{7}$

(5)　$\left(2\frac{1}{7}-1\frac{3}{14}\right)\times3.5-\square\div\frac{2}{75}+\frac{8}{3}=3\frac{5}{12}$より，$\frac{13}{14}\times\frac{7}{2}-\square\div\frac{2}{75}+\frac{8}{3}=3\frac{5}{12}$，$\frac{13}{4}-\square\div\frac{2}{75}+\frac{8}{3}=3\frac{5}{12}$，$\frac{13}{4}-\square\div\frac{2}{75}=3\frac{5}{12}-\frac{8}{3}=3\frac{5}{12}-\frac{32}{12}=3\frac{5}{12}-2\frac{8}{12}=\frac{9}{12}=\frac{3}{4}$，$\square\div\frac{2}{75}=\frac{13}{4}-\frac{3}{4}=\frac{10}{4}$　よって，□$=\frac{10}{4}\times\frac{2}{75}=\frac{1}{15}$

(6)　$\left\{\left(3\frac{1}{3}-\frac{3}{2}\right)-\frac{5}{12}\right\}\div\square+1\frac{1}{6}\times1.25=1\frac{25}{36}$より，$\left\{\left(3\frac{2}{6}-\frac{9}{6}\right)-\frac{5}{12}\right\}\div\square=\frac{61}{36}-\frac{7}{6}\times\frac{5}{4}=\frac{61}{36}-\frac{35}{24}=\frac{122}{72}$

$-\frac{105}{72}=\frac{17}{72}$, $\left(\frac{11}{6}-\frac{5}{12}\right)\div\square=\frac{17}{72}$, $\left(\frac{22}{12}-\frac{5}{12}\right)\div\square=\frac{17}{72}$, $\frac{17}{12}\div\square=\frac{17}{72}$　よって，$\square=\frac{17}{12}\div\frac{17}{72}=\frac{17}{12}\times\frac{72}{17}=6$

(7)　$\left\{0.56\div\left(8\frac{1}{4}-7.9\right)+3\right\}\div2.1-\square=1\frac{5}{14}$ より，$\{0.56\div(8.25-7.9)+3\}\div2.1-\square=1\frac{5}{14}$，$(0.56\div0.35+3)\div2.1-\square=1\frac{5}{14}$　よって，$\square=(1.6+3)\div2.1-\frac{19}{14}=\frac{46}{21}-\frac{19}{14}=\frac{92}{42}-\frac{57}{42}=\frac{35}{42}=\frac{5}{6}$

(8)　$\{\ \ \}=3.9\div1\frac{1}{5}-2=3.9\div1.2-2=3.25-2=1.25$ より，$\square\times\left(\frac{1}{3}-0.3\right)=1.25+0.45=1.7$　よって，$\square=1.7\div\left(\frac{1}{3}-0.3\right)=1\frac{7}{10}\div\left(\frac{1}{3}-\frac{3}{10}\right)=1\frac{7}{10}\div\left(\frac{10}{30}-\frac{9}{30}\right)=\frac{17}{10}\times\frac{30}{1}=51$

(9)　$2\frac{2}{3}\times\left\{\left(\frac{1}{2}-\frac{1}{3}\right)\times0.75+1\frac{1}{4}\div\left(\square+1\frac{1}{3}\right)\right\}-1\frac{2}{3}=\frac{1}{3}$ より，$\left(\frac{1}{2}-\frac{1}{3}\right)\times\frac{3}{4}+1\frac{1}{4}\div\left(\square+1\frac{1}{3}\right)=\left(\frac{1}{3}+1\frac{2}{3}\right)\div2\frac{2}{3}$，$1\frac{1}{4}\div\left(\square+1\frac{1}{3}\right)=2\div\frac{8}{3}-\left(\frac{3}{6}-\frac{2}{6}\right)\times\frac{3}{4}=\frac{3}{4}-\frac{1}{6}\times\frac{3}{4}=\frac{6}{8}-\frac{1}{8}=\frac{5}{8}$，$\square+1\frac{1}{3}=\frac{5}{4}\div\frac{5}{8}=2$　よって，$\square=2-1\frac{1}{3}=\frac{2}{3}$

(10)　$\left[1.6-\left\{\frac{3}{2}-\left(1.4-\square\right)\div2.5\right\}\right]\times5=\frac{4}{5}$ より，$\frac{8}{5}-\left\{\frac{3}{2}-\left(\frac{7}{5}-\square\right)\div\frac{5}{2}\right\}=\frac{4}{5}\div5=\frac{4}{25}$，$\frac{3}{2}-\left(\frac{7}{5}-\square\right)\div\frac{5}{2}=\frac{8}{5}-\frac{4}{25}=\frac{40}{25}-\frac{4}{25}=\frac{36}{25}$，$\left(\frac{7}{5}-\square\right)\div\frac{5}{2}=\frac{3}{2}-\frac{36}{25}=\frac{75}{50}-\frac{72}{50}=\frac{3}{50}$，$\frac{7}{5}-\square=\frac{3}{50}\times\frac{5}{2}=\frac{3}{20}$　よって，$\square=\frac{7}{5}-\frac{3}{20}=\frac{28}{20}-\frac{3}{20}=\frac{25}{20}=1\frac{1}{4}$

34　還元算（□を求める計算）⑥

こたえ　(1)　5　(2)　7　(3)　19455　(4)　12　(5)　16　(6)　3　(7)　12　(8)　9　(9)　40　(10)　4

くわしい解き方　(1)　$\frac{3}{5}\times\frac{\square-1}{8}=0.3$ より，$\frac{\square-1}{8}=0.3\div\frac{3}{5}=\frac{3}{10}\times\frac{5}{3}=\frac{1}{2}=\frac{4}{8}$　よって，$\square-1=4$ より，$\square=4+1=5$

(2)　$\frac{48\times5+9\times36-72\times\square}{6}=10$ より，$48\times5+9\times36-72\times\square=10\times6$，$72\times\square=240+324-60=504$　よって，$\square=504\div72=7$

(3)　$\frac{1994}{6}=\frac{997}{3}=\frac{20937}{63}$ より，$\frac{1988}{63}+\frac{1994}{6}=\frac{3470+\square}{63}$ のとき，$\frac{1988}{63}+\frac{20937}{63}=\frac{3470+\square}{63}$　よって，$1988+20937=3470+\square$ より，$\square=1988+20937-3470=19455$

(4)　$\frac{3+4+5}{3\times4\times5}=\frac{1}{20}+\frac{1}{15}+\frac{1}{\square}$ において，$\frac{3+4+5}{3\times4\times5}=\frac{3}{3\times4\times5}+\frac{4}{3\times4\times5}+\frac{5}{3\times4\times5}=\frac{1}{20}+\frac{1}{15}+\frac{1}{12}$ となるから，$\square=12$

(5)　$\left(4.2-\frac{13}{15}\right)\times5\frac{11}{20}-\frac{1}{\square}\div0.025=16$ より，$\frac{1}{\square}\div\frac{1}{40}=\left(\frac{21}{5}-\frac{13}{15}\right)\times\frac{111}{20}-16=\left(\frac{63}{15}-\frac{13}{15}\right)\times\frac{111}{20}-16=\frac{50}{15}\times\frac{111}{20}-16=\frac{37}{2}-\frac{32}{2}=\frac{5}{2}$，$\frac{1}{\square}=\frac{5}{2}\times\frac{1}{40}=\frac{1}{16}$　よって，$\square=16$

(6)　$5\div\left(2-\frac{1}{\square}\right)=3$ より，$2-\frac{1}{\square}=5\div3=1\frac{2}{3}$，$\frac{1}{\square}=2-1\frac{2}{3}=\frac{1}{3}$　よって，$\square=3$

(7)　$\frac{3\times(\square-2)}{5}=6$ より，$3\times(\square-2)=6\times5=30$，$\square-2=30\div3=10$　よって，$\square=10+2=12$

(8)　$\left(\frac{\square}{5}\div\frac{4}{9}+\frac{3}{4}\right)\times5=24$ より，$\frac{\square}{5}\div\frac{4}{9}+\frac{3}{4}=24\div5$，$\frac{\square}{5}\div\frac{4}{9}=4\frac{4}{5}-\frac{3}{4}=4\frac{16}{20}-\frac{15}{20}=4\frac{1}{20}$，$\frac{\square}{5}=4\frac{1}{20}\times\frac{4}{9}=\frac{81}{20}\times\frac{4}{9}=\frac{9}{5}$　よって，$\square=9$

(9)　$2\frac{2}{5}\div\frac{2}{3}\div\left(\frac{1}{\square}+0.2\right)=16$ より，$\left(\frac{1}{\square}+0.2\right)=2\frac{2}{5}\div\frac{2}{3}\div16=\frac{12\times3\times1}{5\times2\times16}=\frac{9}{40}$，$\frac{1}{\square}=\frac{9}{40}-0.2=\frac{9-8}{40}=\frac{1}{40}$　よって，$\square=40$

(10)　$\left(\frac{2}{5}+\frac{3}{\square}-\frac{1}{6}\right)\div\left(\frac{2}{3}+\frac{3}{5}-\frac{1}{4}\right)=\frac{59}{61}$ より，$\left(\frac{2}{5}+\frac{3}{\square}-\frac{1}{6}\right)\div1\frac{1}{60}=\frac{59}{61}$，$\frac{2}{5}+\frac{3}{\square}-\frac{1}{6}=\frac{59}{61}\times1\frac{1}{60}=\frac{59}{61}\times\frac{61}{60}=\frac{59}{60}$，$\frac{3}{\square}=\frac{59}{60}+\frac{1}{6}-\frac{2}{5}=\frac{3}{4}$　よって，$\square=4$

35　除法とあまり①

こたえ　(1)　商…8333，あまり…0.0002　(2)　商…3.8，あまり…0.004　(3)　商…3.2，あまり…0.006　(4)　商…2.02，あまり…0.002　(5)　商…6，あまり…0.19　(6)　0.0005　(7)　商…3.7，あまり…0.01　(8)　0.11　(9)　商…40.31，あまり…0.0005　(10)　商…0.0005015，あまり…0.000009

くわしい解き方　(1)　あまりを出すときの小数点はもとの小数点であることに注意して，下のように筆算で求めると，5÷0.0006＝8333あまり0.0002となる。

(2)　下の計算より，3.69÷0.97＝3.8あまり0.004

(3)　下の計算より，3.142÷0.98＝3.2あまり0.006

(4)　下の計算より，1.82÷0.9＝2.02あまり0.002

(5)　下の計算より，1.45÷0.21＝6あまり0.19

(6)　下の計算より，0.5÷1.35の商を小数第２位まで計算したときのあまりは0.0005となる。

(7) 下の計算より，6.3÷1.7＝3.7あまり0.01

(8) 答えの小数点（移動させた小数点）とあまりの小数点（移動する前のもとの小数点）に注意して，下のように筆算すると，あまりは0.11となる。

(9) 下の計算より，6.047÷0.15＝40.31あまり0.0005

(10) 下の計算より，1÷1994＝0.0005015あまり0.000009

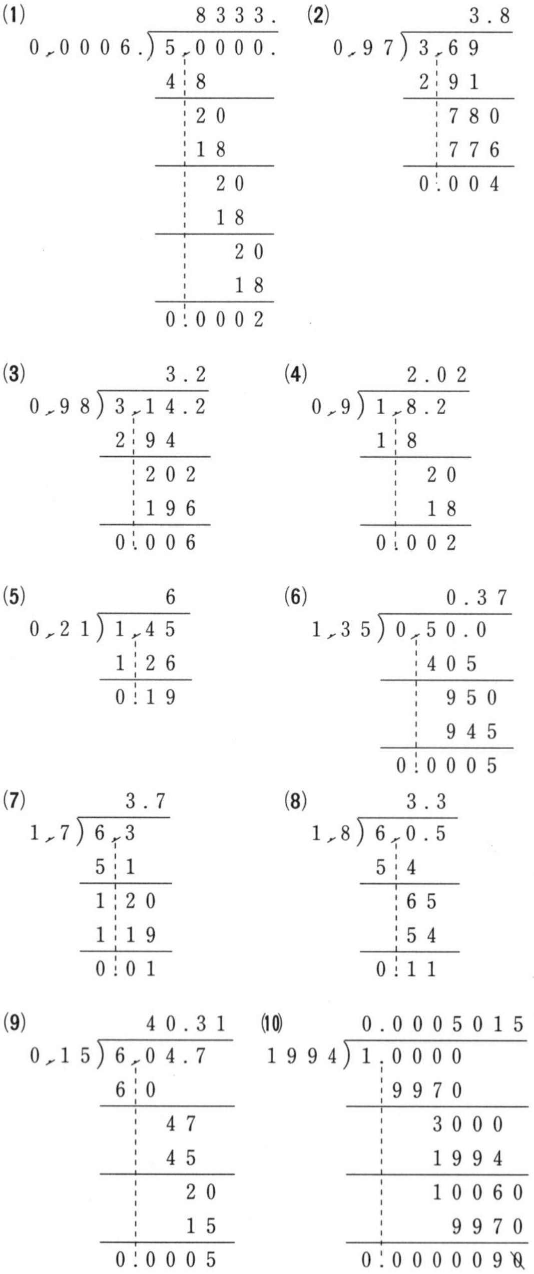

36 除法とあまり（還元算）②

こたえ **(1)** 389 **(2)** 4.45 **(3)** 13.8 **(4)** 1.54 **(5)** 379 **(6)** 8 **(7)** 8.45 **(8)** 13 **(9)** 450 **(10)** 42.5

くわしい解き方 **(1)** □と64をかけ合わせた数より25大きい数が24921であるから，□＝(24921－25)÷64＝389

(2) □＝(14.5－0.26)÷3.2＝14.24÷3.2＝4.45

(3) □＝(236.2－0.22)÷17.1＝235.98÷17.1＝13.8

(4) あまりが0.008だから，□＝(2.78－0.008)÷1.8＝2.772÷1.8＝1.54

(5) □＝29×13＋2＝379

(6) □＝3.1×2.5＋0.25＝8

(7) □は，2.4と3.5をかけ合わせた数よりも0.05大きい数である。よって，□＝2.4×3.5＋0.05＝8.45

(8) {　}÷2.1＝5あまり1.5より，{　}＝2.1×5＋1.5＝12　よって，444－2×(□×17－5)＝12，2×(□×17－5)＝444－12＝432，(□×17－5)＝432÷2＝216，□×17＝216＋5＝221より，□＝221÷17＝13

(9) 100700÷□＝223あまり350より，□＝(100700－350)÷223＝100350÷223＝450

(10) □÷7.3＝5.8あまり0.16より，(□－0.16)÷7.3＝5.8　よって，□＝5.8×7.3＋0.16＝42.34＋0.16＝42.5

37 概数（がいすう）と概算

こたえ **(1)** 0 **(2)** 12250人以上12350人未満 **(3)** 11（または，10） **(4)** 44950以上45049以下 **(5)** 39以上45未満 **(6)** 1998人 **(7)** イ **(8)** 2300000 **(9)** 19以上20未満 **(10)** 350，351，352，353

くわしい解き方 **(1)** 3けたの概数にするのだから，3.79502の小数第3位の5を四捨五入すると，3.80になる。

(2) 百の位まで四捨五入して求めた数が12300人なのだから，12300－50＝12250（人以上），12300＋50＝12350（人未満）となる。

(3) 37.8，0.935，3.42を上から2けたの概数にして計算すると，37.8×0.935÷3.42＝38×0.94÷3.4＝

35.72÷3.4＝36÷3.4＝10.5…より，上から2けたの概数で求めると11となる。※概数のとり方によっては，計算した結果が10.3…となり，最終的に10になる。

(4) 十の位を四捨五入して45000になったのだから，この整数は44950以上45049以下である。

(5) ある整数を6で割って，小数第1位を四捨五入すると7になるから，四捨五入する前の商は6.5以上，7.5未満である。よって，6×6.5＝39，6×7.5＝45より，もとの整数は39以上，45未満となる。

(6) K市の人口は1161500人以上，1162499人以下，Y市の人口は3232500人以上，3233499人以下となるので，人口の和は，1161500＋3232500＝4394000(人)以上，1162499＋3233499＝4395998(人)以下となるので，その差は，4395998－4394000＝1998(人)となる。

(7) それぞれの数を上から1けたの概数にすると，3512は4000，24は20，821は800になるから，その積は，4000×20×800＝64000000となり，イのおよそ70000000になる。

(8) 十万の位までの概数を求めるのだから，与えられた数字を一万の位の概数とし，その後，答えの十万の概数にする。4321497＋568635－2551702⇒4320000＋570000－2550000＝2340000⇒2300000

(9) 72－52.5＝19.5より，52.5を加えて小数第1位を四捨五入すると72になる数は，19以上20未満である。

(10) 9.55×37＝353.35，9.45×37＝349.65より，350，351，352，353の4つである。

38 単位の計算(時間①)

こたえ (1) 1994分 (2) 1時間32分7秒 (3) 1時間25分9秒 (4) 12時間40分 (5) 9 (6) 7時間43分9秒 (7) 23分11秒 (8) 1分48秒 (9) 4時間13分11秒 (10) 1時56分24秒

くわしい解き方 (1) 1時間＝60分，1分＝60秒であるから，33時間840秒は，33×60＋840÷60＝1994(分)である。

(2) 5527÷60＝92あまり7，92÷60＝1あまり32より，5527秒＝92分7秒＝1時間32分7秒

(3) 5109÷60＝85あまり9，85÷60＝1あまり25より，5109秒＝85分9秒＝1時間25分9秒

(4) □時間□分×$1\frac{1}{2}$＝19時間であるから，19時間÷$1\frac{1}{2}$＝19×$\frac{2}{3}$＝$12\frac{2}{3}$(時間)＝12時間40分となる。

(5) 2時間24分＝60分×2＋24分＝144分であるから，□＝144分÷16分＝9となる。

(6) 2時間34分23秒×3＝6時間102分69秒＝6時間103分9秒＝7時間43分9秒

(7) 18秒＝$\frac{18}{60}$分＝0.3分であるから，6時間57分18秒÷18＝417.3分÷18＝$\frac{4173}{10}$分×$\frac{1}{18}$＝$\frac{1391}{60}$分＝$23\frac{11}{60}$分＝23分11秒

(8) 36秒＝$\frac{36}{60}$＝0.6分であるから，1時間24分36秒÷47＝84.6分÷47＝1.8分＝1分＋0.8×60秒＝1分48秒

(9) 33時間÷8＝4あまり1，(45＋60)分÷8＝13あまり1，(28＋60)秒÷8＝11より，4時間13分11秒である。

(10) 24秒＝$\frac{24}{60}$＝0.4分であるから，11時38分24秒÷6＝698.4分÷6＝116.4分＝1時56分＋0.4×60秒＝1時56分24秒

39 単位の計算(時間②)

こたえ (1) 2時間21分36秒 (2) 9時間9分7秒 (3) 2時間10分 (4) 109 (5) 1時間27分 (6) 200 (7) 14時間24分 (8) 6日11時間24分 (9) 5日7時間26分24秒 (10) 8時間16分48秒

くわしい解き方 (1) 5時間13分25秒－2時間51分49秒＝4時間72分85秒－2時間51分49秒＝2時間21分36秒

(2) 1日＝24時間＝23時間59分60秒から，14時間50分53秒をひくと，9時間9分7秒になる。

(3) 6時間4分÷$2\frac{4}{5}$＝(60×6＋4)分÷$\frac{14}{5}$＝364分×$\frac{5}{14}$＝130分＝2時間10分

(4) 15秒＝$\frac{15}{60}$分＝$\frac{1}{4}$分であるから，4時間5分15秒÷2分15秒＝245分15秒÷2分15秒＝$245\frac{1}{4}$分÷$2\frac{1}{4}$分＝$\frac{981}{4}$÷$\frac{9}{4}$＝$\frac{981}{4}$×$\frac{4}{9}$＝109

(5) 18時間51分＝1080分＋51分＝1131分より，1131分÷13＝87分＝1時間27分

(6) 1日を分になおすと，60分×24＝1440分であるから，$7\frac{12}{60}$分は1日の，$7\frac{12}{60}$÷1440＝$\frac{1}{200}$にあたる。よって，□は200である。

(7) $\frac{3}{5}$日＝24×$\frac{3}{5}$＝$\frac{72}{5}$＝$14\frac{2}{5}$時間，$\frac{2}{5}$時間＝60×$\frac{2}{5}$

＝24分より，14時間24分

(8) $\frac{777}{120}$日＝$6\frac{57}{120}$日＝6日＋$\frac{19}{40}$日，$\frac{19}{40}$日＝$\frac{19}{40}$×24時間＝$\frac{57}{5}$時間＝$11\frac{2}{5}$時間，$\frac{2}{5}$時間＝$\frac{2}{5}$×60分＝24分 よって，$\frac{777}{120}$日は，6日11時間24分である。

(9) 0.31日＝24×0.31＝7.44時間，0.44時間＝60×0.44＝26.4分，0.4分＝60×0.4＝24秒より，5.31日は5日7時間26分24秒になる。

(10) 0.345日＝24×0.345＝8.28時間，0.28時間＝60×0.28＝16.8分になる。また，0.8分＝60×0.8＝48秒である。よって，0.345日＝8時間16分48秒になる。

40 単位の計算(時間③)

こたえ (1) 5時間42分54秒 (2) 10日2時間16分 (3) 12日18時間8分 (4) 13.5 (5) 4日3時間46分16秒 (6) 1時間13分20秒 (7) 50 (8) 3時間10分 (9) 1日9時間58分 (10) 1日3時間42分42秒

くわしい解き方 (1) 0.238125日＝0.238125×24時間＝5.715時間，0.715時間＝0.715×60分＝42.9分，0.9分＝0.9×60秒＝54秒より，0.238125日＝5時間42分54秒となる。

(2) 2日12時間34分×4＝8日48時間136分＝8日50時間16分＝10日2時間16分

(3) 7日23時間20分×$1\frac{3}{5}$＝191時間20分×1.6＝191時間×1.6＋20分×1.6＝305.6時間＋32分＝305時間36分＋32分＝306時間8分＝12日18時間8分

(4) 42分＝$\frac{42}{60}$＝0.7時間，12分＝$\frac{12}{60}$＝0.2時間より，1日5時間42分÷2時間12分＝29.7時間÷2.2時間＝13.5

(5) 12時間28分17秒×8＝96時間224分136秒＝4日3時間46分16秒

(6) 18時間20分÷15＝(60×18＋20)分÷15＝1100分÷15＝$73\frac{1}{3}$分＝1時間13分20秒

(7) 15時間54分23秒－3時間41分25秒×3＝15時間54分23秒－9時間123分75秒＝15時間54分23秒－11時間4分15秒＝4時間50分8秒 よって，□＝50

(8) $\left(2時間40分+6.75時間+3\frac{1}{4}時間\right)\div4=\left(2\frac{2}{3}時間+6\frac{3}{4}時間+3\frac{1}{4}時間\right)\div4=12\frac{2}{3}時間\div4=3\frac{1}{6}時間=$ 3時間10分

(9) 5日÷4＝1あまり1，(15＋24)時間÷4＝39÷4＝9あまり3，(52＋180)分÷4＝58分より，1日9時間58分になる。

(10) 9時間52分＋18時間49分16秒－58分34秒＝27時間100分76秒－58分34秒＝1日3時間42分42秒

41 単位の計算(長さ)

こたえ (1) 0.01km (2) 1m75cm (3) 921.28m (4) 95.4m (5) 101000mm (6) 1380m (7) 1994.24m (8) 84m (9) 350m (10) 2368m

くわしい解き方 (1) 1km＝1000×100×10＝1000000mmだから，10000mmは，$\frac{10000}{1000000}=\frac{1}{100}$＝0.01kmになる。

(2) 4m50cm－2m75cm＝450cm－275cm＝175cm＝1m75cm

(3) 5.9m＋0.92km－32cm－4300mm＝5.9m＋920m－0.32m－4.3m＝921.28m

(4) 1km＝1000m，1m＝100cmより，6.2m＋0.092km－280cm＝6.2m＋92m－2.8m＝95.4m

(5) □mm＝1278.24m－(1.3km－125m＋224cm)＝1278.24m－(1300m－125m＋2.24m)＝1278.24m－1177.24m＝101m＝101000mm

(6) 2.1km－760m＋29.6m＋1040cm＝2100m－760m＋29.6m＋10.4m＝1380m

(7) 1km＝1000m，1m＝100cm＝1000mmであるから，1.034km－3026cm＋990500mm＝1034m－30.26m＋990.5m＝1994.24m

(8) 6000cm－12m＋48000mm－0.012km＝60m－－12m＋48m－12m＝84m

(9) 1.07km＝1070m，6000mm＝6m，72600cm＝726mであるから，1070m＋6m－726m＝350m

(10) 0.03km＋2500000mm－4200cm－120m＝30m＋2500m－42m－120m＝2368m

42 単位の計算(面積)

こたえ (1) 3500m² (2) 6m² (3) 2.53ha (4) 171640m² (5) 9876a (6) 4.05ha (7) 0.2m² (8) 2500cm² (9) 272cm² (10) 103000m²

くわしい解き方 (1) 1ha＝100a＝10000m²より，0.35

ha＝0.35×10000＝3500m^2

(2) 1500cm^{2}は，1500÷100÷100＝0.15(m^2)であるから，その40倍は，0.15×40＝6(m^2)である。

(3) 1ha＝100a＝10000m^{2}より，45a＝0.45ha，2800m^2＝0.28ha。よって，2.7ha－45a＋2800m^2＝2.7ha－0.45ha＋0.28ha＝2.53ha

(4) 1a＝100m^2，1km^2＝1000m×1000m＝1000000m^{2}であるから，8.76a＋0.173km^2－2236m^2＝876m^2＋173000m^2－2236m^2＝171640m^2

(5) 1km^2＝10000a，1ha＝100aより，0.98km^2＋7.3ha－654a＝9800a＋730a－654a＝9876a

(6) 1ha＝10000m^{2}より，1km^2＝1000m×1000m＝1000000m^2＝100ha。また，1ha＝100a。よって，570a－0.02km^2＋3500m^2＝5.7ha－2ha＋0.35ha＝4.05ha

(7) 1m^2＝100cm×100cm＝10000cm^2，1a＝100m^{2}より，3.2m^2－500cm^2×16－0.55a÷25＝3.2m^2－0.8m^2－2.2m^2＝0.2m^2

(8) (0.5m^2＋□cm^2×10)÷0.03a＝1より，0.5m^2＋□cm^2×10＝1×0.03a＝0.03a，□cm^2×10＝0.03a－0.5m^2＝3m^2－0.5m^2＝2.5m^2，□cm^2＝2.5m^2÷10＝0.25m^2＝2500cm^{2}となる。

(9) 0.032×0.85＝0.0272(m^2)。1m^2＝100×100＝10000cm^{2}であるから，0.0272×10000＝272(cm^2)である。

(10) 0.041km^2＋3.5ha＋270a＝41000m^2＋35000m^2＋27000m^2＝103000m^2

43 単位の計算(重さ・体積)

こたえ (1) 4600l (2) 0.05l (3) 250kg (4) 0.195m^3 (5) 155g (6) 40cm^3 (7) 2l (8) 4.748m^3 (9) 3196cm^3 (10) 0.036t

くわしい解き方 (1) 1m^3＝100cm×100cm×100cm＝1000000cm^3。1l＝1000cm^{3}より，1m^3＝1000l。よって，4.6m^3＝4600l

(2) 1l＝1000cm^{3}であるから，50cm^3＝50÷1000＝0.05l

(3) 1t＝1000kgより，0.25t＝0.25×1000＝250kg

(4) 1m^3＝1000000cm^{3}であるから，195000cm^3＝0.195m^3

(5) 1t＝1000kg，1kg＝1000g，1g＝1000mgより，0.0007t＝0.7kg＝700gであるから，1365g＋0.45kg－960000mg－0.0007t＝1365g＋450g－960g－700g＝155g

(6) $\frac{2}{5}l$－380ml＋0.2dl＝400cm^3－380cm^3＋20cm^3＝40cm^3

(7) 1l＝10dl＝1000ml＝1000cm^{3}であるから，375ml＋8.75dl＋625cm^3＋0.125l＝0.375l＋0.875l＋0.625l＋0.125l＝2l

(8) 1m^3＝1000l＝1000000cm^3＝1klより，1.2＋23÷1000＋825000÷1000000＋2.7＝4.748(m^3)

(9) 1l＝10dl＝1000cm^{3}より，20900cm^3－5×□cm^3＝3×1640cm^3 よって，5×□＝20900－3×1640＝20900－4920＝15980より，□＝15980÷5＝3196(cm^3)

(10) 5.25kg＋0.06t＋1250g－2.5kg＋□t＝0.1tより，□＝100kg－5.25kg－60kg－1.25kg＋2.5kg＝36kg＝0.036t

44 縮尺

こたえ (1) 7.2cm (2) 8万分の1$\left(\frac{1}{80000}\right)$ (3) 1cm^2 (4) 2.4km^2 (5) 4km^2 (6) 0.3cm (7) 16cm (8) 1時間52分30秒 (9) 72a (10) 分速55m

くわしい解き方 (1) 3.6×1000×100÷50000＝7.2(cm)

(2) 4×1000×100÷5＝80000より，この地図の縮尺は8万分の1である。

(3) 1ha＝10000m^2＝100m×100mより，1haの面積は1辺の長さが100mの正方形の面積にあたる。したがって1万分の1の地図上では，100m×$\frac{1}{10000}$＝10000cm×$\frac{1}{10000}$＝1cmより，1辺が1cmの正方形になるから，1万分の1の地図上で1haの面積は，1×1＝1(cm^2)となる。

(4) 1000×100÷5＝20000より，この地図の縮尺は2万分の1である。したがって，地図上で60cm^{2}の面積は実際には，60×20000×20000÷(100×100)÷(1000

$\times 1000)=2.4(km^2)$になる。

(5) $16\times 50000\times 50000\div(100\times 100)\div(1000\times 1000)=4(km^2)$

(6) 15ha＝150000m²であり，５万分の１の地図上で２cmの実際の長さは，2×50000＝100000(cm)＝1000(m)であるから，この土地の他の１辺の長さは，150000÷1000＝150(m)＝15000(cm)である。したがって，この土地の地図上での他の１辺の長さは，15000÷50000＝0.3(cm)となる。

(7) 10000÷125＝80より，この土地の横の長さは80mであるから，$\frac{1}{500}$の縮図に書くとき，横の長さは，$8000\times\frac{1}{500}=16$(cm)になる。

(8) 実際の距離は，30×25000÷100÷1000＝7.5(km)であるから，歩くのにかかる時間は，$7.5\div 4=1\frac{7}{8}$(時間)である。よって，$\frac{7}{8}\times 60=52\frac{1}{2}$(分)，$\frac{1}{2}\times 60=30$(秒)より，１時間52分30秒である。

(9) $4\times 4.5\times 2000\times 2000\div(100\times 100)=7200(m^2)=72$(a)

(10) ２万分の１の縮図で33cmの実際の長さは，33×20000＝660000(cm)＝6600(m)であるから，この道のりを２時間＝120分で歩くときの速さは分速，6600÷120＝55(m)となる。

45 比例式①

こたえ **(1)** 4 **(2)** 10 **(3)** 5 **(4)** 3 **(5)** 135 **(6)** $\frac{3}{4}$ **(7)** 12 **(8)** 16 **(9)** 1.5 **(10)** $\frac{5}{6}$

くわしい解き方 **(1)** (内項の積)＝(外項の積)であるから，$\frac{1}{3}\times 3=\frac{1}{4}\times\square$より，$\frac{1}{4}\times\square=1$，$\square=1\div\frac{1}{4}=4$

(2) 内項の積と外項の積は等しいので，$\square\times 0.9=1.5\times 6$より，$\square=1.5\times 6\div 0.9=10$

(3) $\frac{3}{4}:0.45=\square:3$より，$0.45\times\square=\frac{3}{4}\times 3$，$\square=\frac{9}{4}\div 0.45=\frac{9}{4}\div\frac{45}{100}=\frac{9}{4}\times\frac{100}{45}=\frac{100}{20}=5$

(4) $1\frac{3}{5}:0.4=x:\frac{3}{4}$より，$0.4\times x=1\frac{3}{5}\times\frac{3}{4}=\frac{8}{5}\times\frac{3}{4}=\frac{6}{5}$，$x=\frac{6}{5}\div 0.4=\frac{6}{5}\times\frac{10}{4}=3$

(5) $\frac{5}{7}:\frac{8}{9}=\square:168$より，$\frac{8}{9}\times\square=\frac{5}{7}\times 168$，$\frac{8}{9}\times\square=5\times 24=120$，$\square=120\div\frac{8}{9}=120\times\frac{9}{8}=135$

(6) $1\frac{1}{4}:2=(3+\square):6$より，$2\times(3+\square)=1\frac{1}{4}\times 6=\frac{5\times 6}{4}=\frac{15}{2}$，$3+\square=\frac{15}{2}\div 2=\frac{15}{4}$，$\square=3\frac{3}{4}-3=\frac{3}{4}$

(7) $1\frac{1}{3}:3\frac{1}{5}=5:\square$より，$1\frac{1}{3}\times\square=3\frac{1}{5}\times 5$，$\frac{4}{3}\times\square=\frac{16}{5}\times 5=16$，$\square=16\div\frac{4}{3}=16\times\frac{3}{4}=12$

(8) $24:\square=6:4$より，$\square\times 6=24\times 4=96$，$\square=96\div 6=16$

(9) $2.4:\square=8:5$より，$\square\times 8=2.4\times 5=12$，$\square=12\div 8=1.5$

(10) $1\frac{1}{4}:\square=3:2$より，$\square=1\frac{1}{4}\times\frac{2}{3}=\frac{5}{4}\times\frac{2}{3}=\frac{5}{6}$

46 比例式②

こたえ **(1)** $\frac{2}{9}$ **(2)** $\frac{1}{3}$ **(3)** 20 **(4)** $\frac{12}{25}$ **(5)** 21 **(6)** 3 **(7)** 9 **(8)** 7 **(9)** 5 **(10)** 9

くわしい解き方 **(1)** (内項の積)＝(外項の積)より，$\square\times 12=\frac{1}{3}\times 8$，$\square=\frac{8}{3}\div 12=\frac{2}{9}$

(2) $2.8:8.4=\square:1$より，$8.4\times\square=2.8\times 1=2.8$，$\square=2.8\div 8.4=\frac{28}{84}=\frac{1}{3}$

(3) $7.25:x=2.9:8$より，$x\times 2.9=7.25\times 8=58$，$x=58\div 2.9=20$

(4) $1.5:\square=5:\frac{8}{5}$より，$\square\times 5=1.5\times\frac{8}{5}=1\frac{1}{2}\times\frac{8}{5}=\frac{3}{2}\times\frac{8}{5}=\frac{12}{5}$，$\square=\frac{12}{5}\div 5=\frac{12}{25}$

(5) $(6+\square):12=9:4$より，$12\times 9=(6+\square)\times 4$，$6+\square=108\div 4=27$，$\square=27-6=21$

(6) $\frac{\square}{5}:\frac{5}{6}=36:50$より，$\frac{\square}{5}\times 50=\frac{5}{6}\times 36=30$，$\square\times 10=30$，$\square=30\div 10=3$

(7) $(\square\div 3+2):\frac{3}{2}=1:\frac{3}{10}$より，$(\square\div 3+2)\times\frac{3}{10}=\frac{3}{2}\times 1$，$\square\div 3+2=\frac{3}{2}\div\frac{3}{10}=\frac{3}{2}\times\frac{10}{3}=5$，$\square\div 3=5-2=3$，$\square=3\times 3=9$

(8) $\frac{1}{3}:\frac{\square+11}{12}=\frac{1}{6}:0.75$より，$\frac{\square+11}{12}\times\frac{1}{6}=\frac{1}{3}\times\frac{3}{4}=\frac{1}{4}$，$\frac{\square+11}{12}=\frac{1}{4}\div\frac{1}{6}=\frac{3}{2}$，$\square+11=\frac{3}{2}\times 12=18$，$\square=18-11=7$

(9) $\frac{21+\square}{1.3}:10=28:14$より，$\frac{21+\square}{1.3}\times 14=10\times 28=280$，$\frac{21+\square}{1.3}=280\div 14=20$，$21+\square=20\times 1.3=26$，$\square=26-21=5$

(10) $\frac{3}{5}:\frac{3}{\square-5}=0.4:0.5$より，$\frac{3}{\square-5}\times 0.4=\frac{3}{5}\times 0.5$，$\frac{3}{\square-5}\times\frac{2}{5}=\frac{3}{5}\times\frac{1}{2}=\frac{3}{10}$，$\frac{3}{\square-5}=\frac{3}{10}\div\frac{2}{5}=\frac{3}{10}\times\frac{5}{2}=\frac{3}{4}$ よって，$\square-5=4$であるから，$\square=4+5$

=9

47 単位のついた比例式

こたえ (1) 4 (2) 36分 (3) 5時間24分 (4) 13時間9分1秒 (5) 80kg (6) 125m³ (7) 1000 (8) 2250cm³ (9) 1.2l (10) 40l

くわしい解き方 (1) $2\frac{2}{5}$時間$=2\frac{2}{5}\times60=\frac{12}{5}\times60=144$分，4時間12分$=240+12=252$分 よって，252×□$=144\times7=1008$，□$=1008\div252=4$

(2) 1時間：□分$=\frac{1}{3}:\frac{1}{5}=5:3$より，□分＝1時間$\times\frac{3}{5}=60$分$\times\frac{3}{5}=36$分

(3) (内項の積)＝(外項の積)より，3時間36分×3÷2＝(180＋36)分×3÷2＝216分×3÷2＝324分＝5時間24分

(4) (内項の積)＝(外項の積)より，3時間45分26秒×7÷2＝(3×7÷2)時間(45×7÷2)分(26×7÷2)秒＝10.5時間157.5分91秒＝10時間187分121秒＝13時間9分1秒

(5) 12÷3×20000＝80000(g)より，80000÷1000＝80(kg)である。

(6) 750l：□m³＝3：500より，□×3＝750×500＝375000，□＝375000÷3＝125000(l) ここで，1m³＝1000lであるから，□＝125m³となる。

(7) 1m³＝100cm×100cm×100cm＝1000000cm³＝1000l。よって，0.01m³：10000l＝1000l×0.01：10000l＝10l：10000l＝1：1000

(8) $3\frac{3}{4}\div5\times3=2\frac{1}{4}$($l$)であるから，□は，$2\frac{1}{4}\times1000=2250$(cm³)である。

(9) 8時間＝8×60＝480分，1l＝1000cm³。よって，1.2×□＝480×3＝1440，□＝1440÷1.2＝1200(cm³)＝1.2(l)

(10) 1m²＝100×100＝10000cm²，1l＝10dl。よって，50×□＝10000×2＝20000，□＝20000÷50＝400(dl)＝40(l)

48 比と比の値

こたえ (1) 8 (2) $\frac{2}{3}$ (3) 21：20 (4) 10：3 (5) 235：207 (6) 1：2 (7) 9：28 (8) 3：2 (9) 11：6 (10) 7：4，1：4

くわしい解き方 (1) 1l＝1000cm³より，2.8l＝2800cm³。よって，2800cm³：350cm³の比の値は，2800÷350＝8

(2) Bの値を1とすると，Aの$\frac{1}{4}$は，$1\times\frac{1}{6}=\frac{1}{6}$になるから，$A$の値は，$\frac{1}{6}\div\frac{1}{4}=\frac{2}{3}$となる。よって，$A:B$の比の値は，$A\div B=\frac{2}{3}\div1=\frac{2}{3}$となる。

(3) $\frac{3}{5}:\frac{4}{7}=\frac{21}{35}:\frac{20}{35}=21:20$

(4) $\frac{3}{5}:0.18=0.6:0.18=60:18=10:3$

(5) $3\frac{11}{12}:3.45=3\frac{11}{12}:3\frac{9}{20}=\frac{47}{12}:\frac{69}{20}$ 60倍して，47×5：69×3＝235：207

(6) 等しい大きさを1とすると，$A\times0.7=B\times0.35=1$であるから，$A=\frac{1}{0.7}$，$B=\frac{1}{0.35}$と表すことができる。したがって，AとBの比は，$\frac{1}{0.7}:\frac{1}{0.35}=1:2$になる。

(7) $A\times\frac{4}{3}=B\times\frac{3}{7}$で，左辺も右辺も1と考えれば，$A:B=\frac{3}{4}:\frac{7}{3}$となり，これより，$A:B=9:28$となる。

(8) $A\times1\frac{4}{5}=1$，$B\times2\frac{7}{10}=1$とすると，$A=1\div1\frac{4}{5}=\frac{5}{9}$，$B=1\div2\frac{7}{10}=\frac{10}{27}$となるので，$A:B=\frac{5}{9}:\frac{10}{27}=3:2$である。

(9) AがBの$2\frac{3}{4}$だから，AとBの比は，$2\frac{3}{4}:1=11:4$である。したがって，Aの8割とBの120%の比は，$11\times\frac{8}{10}:4\times1\frac{1}{5}=\frac{44}{5}:\frac{24}{5}=11:6$となる。

(10) Bを1とすると差が$\frac{3}{4}$であるから，AはBより$\frac{3}{4}$大きな，$1+\frac{3}{4}=\frac{7}{4}$か，$\frac{3}{4}$小さい，$1-\frac{3}{4}=\frac{1}{4}$であるから，$A:B=\frac{7}{4}:1=7:4$か，$A:B=\frac{1}{4}:1=1:4$の2通り考えられる。

49 比の応用①

こたえ (1) 1404円 (2) 525l (3) $16\frac{2}{3}$dl (4) 1.8l (5) 250g (6) 300枚 (7) 40枚 (8) 6枚 (9) $\frac{6}{7}$kg (10) 24cm

くわしい解き方 (1) 100g260円のとり肉を540g買うときの値段は，1gあたり$\frac{260}{100}$円であるから，$540\times\frac{260}{100}=540\times2.6=1404$(円)となる。

(2) 4.5kgの食塩をとるのに海水が150l必要である

から，1kgの食塩をとるには，$150\div4.5=150\div\frac{9}{2}=150\times\frac{2}{9}=\frac{100}{3}$(*l*)の海水がいる。したがって，15.75kgの食塩をとるのに必要な海水の量は，$\frac{100}{3}\times15.75=\frac{100}{3}\times15\frac{3}{4}=\frac{100}{3}\times\frac{63}{4}=525$(*l*)である。

(3) $\frac{4}{5}$m²の板に$\frac{2}{3}$d*l*のペンキがいるのだから，1m²あたり，$\frac{2}{3}\div\frac{4}{5}=\frac{2}{3}\times\frac{5}{4}=\frac{5}{6}$(d*l*)のペンキがいる。したがって，20m²では，$20\times\frac{5}{6}=\frac{50}{3}=16\frac{2}{3}$(d*l*)いる。

(4) $\frac{1}{5}$*l*：1.4m²＝x *l*：12.6m²より，$x=12.6\times\frac{1}{5}\div1.4=1.8$(*l*)

(5) 150gで1200円であるから，1gあたりの値段は，1200÷150＝8(円)となる。よって，2000円で買えるお茶の重さは，2000÷8＝250(g)である。

(6) A，Bの紙1枚の重さはそれぞれ，400÷1000＝0.4(g)，250÷500＝0.5(g)であるから，1枚ずつの重さの和は，0.4＋0.5＝0.9(g)である。よって，A，B同じ枚数ずつの重さの和が270gであるから，270÷0.9＝300より，300枚ずつはかったことがわかる。

(7) 10円玉と5円玉の金額の比が5：3であることから，枚数の比は，5÷10：3÷5＝0.5：0.6＝5：6とわかる。これより10円玉は，$88\times\frac{5}{5+6}=40$(枚)あることになる。

(8) 100円硬貨と50円硬貨と10円硬貨の合計金額の比が3：1：1だから，枚数の比は，(3÷100)：(1÷50)：(1÷10)＝$\frac{3}{100}:\frac{1}{50}:\frac{1}{10}=\frac{3}{100}:\frac{2}{100}:\frac{10}{100}=3:2:10$となる。よって，硬貨は全部で30枚あるので，100円硬貨の枚数は，$30\times\frac{3}{3+2+10}=6$(枚)とわかる。

(9) 鉄球1個の重さは，$2\div7=\frac{2}{7}$(kg)であるから，3個の重さは，$\frac{2}{7}\times3=\frac{6}{7}$(kg)である。

(10) 5分後から25分後までの，25－5＝20(分間)に，22－14＝8(cm)もえているから，1分間には，8÷20＝0.4(cm)もえる。したがって，ローソクのはじめの長さは，22＋0.4×5＝22＋2＝24(cm)である。

50 比の応用②

こたえ　(1) 6m　(2) 2.5倍　(3) 7170ペソ　(4) 231　(5) 4400円　(6) 2時間33分　(7) 1：1440　(8) 1時33分45秒　(9) $7\frac{1}{7}$　(10) 2550kg

くわしい解き方　(1) 100：72＝□：432より，72×□＝432×100＝43200，□＝43200÷72＝600(cm)＝6(m)

(2) 大きい円と小さい円の面積比は，25：4＝5×5：2×2であるから，相似比は5：2である。よって，大きい円の半径は小さい円の半径の，5÷2＝2.5(倍)である。

(3) 210オーストラリアドルは，71.7×210＝15057(円)であり，15057円は，15057÷2.1＝7170(ペソ)だから，210オーストラリアドルは7170ペソである。

(4) ある数にその数の$\frac{1}{7}$を加えたものは，ある数の$1\frac{1}{7}$倍になる。これが264であるから，ある数は，$264\div1\frac{1}{7}=231$である。

(5) 布地を3.6m買ったときに比べると，4.8m買ったときは，布の量は，$4.8\div3.6=1\frac{1}{3}$(倍)にふえている。よって，値段も$1\frac{1}{3}$倍になるので，$3300\times1\frac{1}{3}=4400$(円)となる。

(6) かかる時間の比は3：4であるから，$3\frac{24}{60}\div4\times3=2\frac{11}{20}$，$\frac{11}{20}\times60=33$より，2時間33分となる。

(7) 分速840mは時速になおすと，840×60÷1000＝50.4(km)，7時間を分になおすと，7×60＝420(分)である。したがって，求める比は，3.5×4.2：50.4×420＝1：1440となる。

(8) 正しい時計とこの時計がきざむ時間の比は，60：(60＋4)＝15：16である。この時計が午前7時から午後2時までの間にきざむ時間は，2＋12－7＝7(時間)で，この間に正しい時計がきざむ時間はこれよりも，$7\div16\times(16-15)=\frac{7}{16}$(時間)短い。$\frac{7}{16}\times60=26\frac{1}{4}$(分)より，正しい時刻は，2時－$26\frac{1}{4}$分＝1時$33\frac{3}{4}$分＝1時33分45秒とわかる。

(9) xとyは比例しているのだから，$3\frac{1}{2}:5=5:y$より，$y\times3\frac{1}{2}=5\times5=25$，$y=25\div\frac{7}{2}=25\times\frac{2}{7}=\frac{50}{7}=7\frac{1}{7}$と求められる。

(10) 1aあたりの生産量は同じだから，51：680＝□：34000より，680×□＝51×34000＝1734000，□＝1734000÷680＝2550(kg)と求められる。

51 連　比

こたえ　(1) 9：24：26　(2) 9：6：5　(3) 9：14：8　(4) 6：8：25　(5) 8：6：5　(6) 7：18：48　(7)

45：8　(8)　10：3：5　(9)　ア…24，イ…1　(10)　9：10

くわしい解き方　(1)　右のように計算して，$A:B:C=36:96:104=9:24:26$となる。

$$\begin{array}{rl} A:B & =3:8 \\ B:C= & \quad\ 12:13 \\ \hline A:B:C & =36:96:104 \end{array}$$

(2)　$A:B=3:2$，$B:C=\frac{2}{5}:\frac{1}{3}=6:5$より，$B$を2と6の最小公倍数6とすると，$A=6\times\frac{3}{2}=9$。よって，$A:B:C=9:6:5$である。

$$\begin{array}{ccc} A & B & C \\ 3 & : 2 & \\ & 6 & : 5 \\ \hline 9 & : 6 & : 5 \end{array}$$

(3)　$C=1$とすると，BはCの$\frac{7}{4}$倍であるから$B=\frac{7}{4}$であり，AはBの$\frac{9}{14}$倍であるから，$\frac{7}{4}\times\frac{9}{14}=\frac{9}{8}$。よって，$A:B:C=\frac{9}{8}:\frac{7}{4}:1=9:14:8$となる。

(4)　Aの$\frac{1}{3}$とBの$\frac{1}{4}$が等しいとき，$A:B=\frac{1}{4}:\frac{1}{3}=3:4$。また，$A$が$C$の$24\%=\frac{24}{100}=\frac{6}{25}$のとき，$A:C=6:25$。よって，$A$を3と6の最小公倍数6にすると$B$は8になるから，$A:B:C=6:8:25$となる。

$$\begin{array}{ccc} A & B & C \\ 3 & : 4 & \\ 6 & : & 25 \\ \hline 6 & : 8 & : 25 \end{array}$$

(5)　$A:B=\frac{1}{3}:\frac{1}{4}=4:3$，$B:C=\frac{1}{5}:\frac{1}{6}=6:5$より，$A:B:C=8:6:5$となる(右の式を参照のこと)。

$$\begin{array}{ccc} A & B & C \\ 4 & : 3 & \\ & 6 & : 5 \\ \hline 8 & : 6 & : 5 \end{array}$$

(6)　$A:B=\frac{1}{9}:\frac{2}{7}:=7:18$, $B:C=\frac{1}{2}:\frac{4}{3}=3:8$である。よって，上のように計算して，$A:B:C=7:18:48$となる。

$$\begin{array}{rl} A:B & =7:18 \\ B:C= & \quad 3:8 \ \leftarrow\times 6 \\ \hline A:B:C & =7:18:48 \end{array}$$

(7)　$A:B=2\frac{1}{3}:5\frac{1}{4}=\frac{7}{3}:\frac{21}{4}=\frac{28}{12}:\frac{63}{12}=4:9$，$A:C=2\frac{1}{2}:1=\frac{5}{2}:1=5:2$より，右のように計算して，$B:C=45:8$となる。

$$\begin{array}{rl} A:B & =4:9 \\ A\ :\ C & =5\ :\ 2 \\ \hline A:B:C & =20:45:8 \end{array}$$

(8)　Aを1とすると，Bの10倍が3になるので，Bは$\frac{3}{10}$になる。また，Cの6倍が3になるので，Cは$\frac{1}{2}$になる。これらより$A:B:C$は，$1:\frac{3}{10}:\frac{1}{2}=10:3:5$となる。

(9)　(20の1割)：($\boxed{\text{ア}}$の25%)：$\left(26\text{の}\frac{2}{13}\text{倍}\right)=\boxed{\text{イ}}:3:2\Rightarrow 2:(\boxed{\text{ア}}\times0.25):4=\boxed{\text{イ}}:3:2$，$2:4=\boxed{\text{イ}}:2$より，$\boxed{\text{イ}}=1$。$(\boxed{\text{ア}}\times0.25):4=3:2$，$\boxed{\text{ア}}\times0.25=6$より，$\boxed{\text{ア}}=6\div0.25=6\div\frac{1}{4}=6\times\frac{4}{1}=24$

(10)　$A:B=3:4$，$B:C=6:5$より，右のように計算すると，$A:C=9:10$になる。

$$\begin{array}{ccc} A & :B & :C \\ 3 & :4 & \\ & 6 & :5 \\ \hline 9 & :12 & :10 \end{array}$$

52　比例配分

こたえ　(1)　1.2kg　(2)　108人　(3)　500円　(4)　1900円　(5)　1500円　(6)　12時間48分　(7)　36枚　(8)　3750円　(9)　108度　(10)　45000m^2

くわしい解き方　(1)　セメントは全体の，$\frac{2}{7+2}=\frac{2}{9}$にあたるから，$5.4\times\frac{2}{9}=0.6\times2=1.2$(kg)ある。

(2)　男子は全体の，$\frac{12}{12+11}=\frac{12}{23}$にあたるから，男子の人数は，$207\times\frac{12}{23}=9\times12=108$(人)である。

(3)　弟の金額を1とすると，兄は弟の2割増しであるから1.2にあたる。したがって，1100円を2人で分けるとき，1＋1.2＝2.2が1100円にあたるから，弟の金額は，1100÷2.2＝500(円)である。

(4)　兄が弟に400円あげたときの兄の所持金は，$2400\times\frac{5}{5+3}=2400\times\frac{5}{8}=1500$(円)だから，兄がはじめに持っていた金額は，1500＋400＝1900(円)である。

(5)　6500円を2人で5：8に分けるとき，1人は全体の，$\frac{5}{5+8}=\frac{5}{13}$，もう1人は全体の$\frac{8}{13}$になるから，2人の金額の差は全体の金額の，$\frac{8}{13}-\frac{5}{13}=\frac{3}{13}$である。よって，2人の金額の差は，$6500\times\frac{3}{13}=1500$(円)となる。

(6)　昼と夜の時間の和は24時間だから，昼の長さと夜の長さの比が8：7のとき，昼の長さは，$24\times\frac{8}{8+7}=24\times\frac{8}{15}=\frac{64}{5}=12\frac{4}{5}$(時間)となる。$\frac{4}{5}$時間$=\frac{4}{5}\times60$分＝48分より，昼の長さは，12時間48分である。

(7)　AはBの$\frac{1}{3}$であり，CはBの$60\%=\frac{3}{5}$だから，A，B，Cの比は，$\frac{1}{3}:1:\frac{3}{5}=5:15:9$である。よって，Cのもらうカードの枚数は全体の，$\frac{9}{5+15+9}=\frac{9}{29}$だから，$116\times\frac{9}{29}=36$(枚)になる。

(8)　冊数の比は2：1：3で，全部で18冊であるから，150円，200円，250円のノートの数はそれぞれ，$18\times\frac{2}{2+1+3}=18\times\frac{2}{6}=6$(冊)，$18\times\frac{1}{6}=3$(冊)，$18\times\frac{3}{6}=9$(冊)となる。よって，合計の代金は，150×6＋200

×3＋250×9＝900＋600＋2250＝3750(円)である。

(9) 180度を比例配分し，もっとも大きい角を求めればよい。よって，180÷(1＋3＋6)×6＝108(度)になる。

(10) 16haの土地を3人で17：9：6に分けるのだから，B君が分けてもらった土地は，1ha＝10000m²より，$16\times10000\times\frac{9}{17+9+6}=160000\times\frac{9}{32}=45000$(m²)になる。

53 反比例

こたえ **(1)** 7回転 **(2)** 19：12 **(3)** 36回転 **(4)** 0.8倍 **(5)** 4倍 **(6)** 26 **(7)** 75 **(8)** $1\frac{1}{3}$ **(9)** $8\frac{1}{3}$ **(10)** 5回転

くわしい解き方 **(1)** Bが10回転すると，歯が，35×10＝350だけ動く。よって，Aは歯が50動くと1回転するから，このときのAの回転数は，350÷50＝7(回転)である。

(2) 歯車の歯数と回転数は反比例する。歯数の比が，A：B＝24：38ならば，回転数の比は，A：B＝38：24＝19：12となる。

(3) 歯車の歯数と回転数は反比例するから，歯数の比が，45：30＝3：2のとき，回転数の比は2：3になる。よって，Aが毎分24回転のとき，Bは毎分，$24\times\frac{3}{2}=36$(回転)する。

(4) 反比例するということは積が一定ということである。したがって，$x=1$，$y=1$としたとき，$x\times y=1$であるから，xの値が，1×1.25＝1.25のときyの値は，$1.25\times y=1$より，$y=1\div1.25=0.8$になる。

(5) AとBは反比例するから，Aが，$5\div20=\frac{1}{4}$(倍)になれば，Bは，$\frac{4}{1}=4$(倍)になる。

(6) yから5をひいた数とxが反比例するというから，$(y-5)\times x$＝一定である。xが14のとき，yは17であるから，$(17-5)\times14=12\times14=168$となり，$(y-5)\times x=168$と表せる。これにより$x$が8のとき，$(y-5)\times8=168$，$y-5=168\div8=21$，$y=21+5=26$となる。

(7) xとyが反比例するとき，xとyの積は一定であるから，12×49.5＝□×7.92となり，□＝12×49.5÷7.92＝75となる。

(8) xとyは比例するから，$2:6=6:y$より，$y=18$となる。さらに，yとzは反比例するから，$6\times4=18\times z$より，$z=1\frac{1}{3}$となる。

x	y	z
2	6	4
6	□	□

〔別解〕 xとyが比例し，yとzが反比例するから，xとzは反比例する。したがって，$2\times4=6\times z$より，$z=1\frac{1}{3}$となる。

(9) yはxに反比例するから，yの値が$\frac{5}{8}$倍になるとき，xの値は$\frac{8}{5}$倍になっている。よって，xのはじめの値を1とすると，xの値は，$\frac{8}{5}-1=\frac{3}{5}$だけふえ，これが5にあたるから，$x$のはじめの値は，$5\div\frac{3}{5}=5\times\frac{5}{3}=\frac{25}{3}=8\frac{1}{3}$とわかる。

(10) AとBの歯車の歯数の比は，72：28＝18：7であるから，回転数の比は，7：18である。ここで，Aは毎分$1\frac{2}{3}$回転するから，70秒間では，$1\frac{2}{3}\times\frac{70}{60}=\frac{5}{3}\times\frac{7}{6}=\frac{35}{18}$(回転)する。したがって，この間にBは，$\frac{35}{18}\times\frac{18}{7}=5$(回転)する。

54 約数

こたえ **(1)** 12個 **(2)** 15個 **(3)** 4個 **(4)** 21 **(5)** 91 **(6)** 60 **(7)** 11 **(8)** 14 **(9)** 12 **(10)** 1170

くわしい解き方 **(1)** 60の約数は，1，2，3，4，5，6，10，12，15，20，30，60であるから，12個ある。

(2) 144＝1×144，2×72，3×48，4×36，6×24，8×18，9×16，12×12より，144の約数は，1，2，3，4，6，8，9，12，16，18，24，36，48，72，144の全部で15個ある。

(3) 18と24の最大公約数は6であるから，18と24の公約数(6の約数)は，1，2，3，6で，計4個ある。

(4) 71，218のどちらを割っても8あまるから，71－8＝63，218－8＝210のどちらを割っても割りきれる。つまり，この整数は63と210の公約数で，8より大きい数である。ここで，63と210の最大公約数は21だから，公約数は1，3，7，21である。よって，この整数は21である。

(5) 36＝1×36，2×18，3×12，4×9，6×6より，36の約数は，1，2，3，4，6，9，12，18，36であるから，その和は，1＋2＋3＋4＋6＋9＋12＋18＋36＝91になる。

(6)　48と72の最大公約数は24であるから，48と72の公約数(24の約数)は，1，2，3，4，6，8，12，24である。したがって，これらの公約数の和は，1＋2＋3＋4＋6＋8＋12＋24＝60となる。

(7)　7あまるのだから，ある整数は8以上で，73－7＝66の約数のうち，もっとも小さい整数である。したがって，11である。

(8)　求める整数は，108－10＝98と，136－10＝126の両方を割りきる。このことから，求める整数は98と126の公約数のうち(あまりの)10よりも大きい数であることがわかる。右上の計算から，最大公約数は14で，公約数は(14の約数の)1，2，7，14である。このうち，10より大きいのは14だけだから，求める整数は14となる。

```
2 ) 98  126
7 ) 49   63
     7    9
2 × 7 = 14
```

(9)　求める数は，115－7＝108，139－7＝132，199－7＝192が割りきれる。この3つの数の最大公約数は12だから，求める数は12の約数の1，2，3，4，6，12の中にあるが，7のあまりが出ることから，答えは7より大きい12になる。

(10)　360＝2×2×2×3×3×5より，360の約数を右の表のように整理すると，奇数の約数の和は，1＋3＋5＋9＋15＋45＝78であり，2で1回だけ割れる約数の和は78×2，2回割れる数の和は，78×2×2，3回割れる数の和は，78×2×2×2である。よって，360の約数の和は，78×(1＋2＋4＋8)＝78×15＝1170となる。

奇　数	1	3	5	9	15	45
2で1回	2	6	10	18	30	90
2で2回	4	12	20	36	60	180
2で3回	8	24	40	72	120	360

55　倍　　数

こたえ　(1)　84　(2)　96　(3)　203　(4)　77　(5)　5個　(6)　25個　(7)　6個　(8)　630　(9)　16　(10)　68個

くわしい解き方　(1)　4，6，7の最小公倍数は，下の計算から，2×2×3×7＝84である。

```
2 ) 4  6  7
    2  3  7
```

(2)　4と6の最小公倍数は12であるから，4でも6でも割りきれる数は12の倍数になる。よって，12×8＝96，12×9＝108より，4でも6でも割りきれる数で，100にもっとも近い数は96である。

(3)　5で割っても8で割っても3あまる整数は，5と8の最小公倍数40で割っても3あまる整数である。このうち200に一番近い数は，(200－3)÷40＝4.925より，40×5＋3＝203である。

(4)　8，9，12のどれで割っても5あまる数は，8，9，12の最小公倍数72で割っても5あまるから，もっとも小さい数は，72＋5＝77である。

(5)　4で割っても5で割っても2あまる整数は，4と5の最小公倍数20で割っても2あまる整数である。100から200までのうち，このような整数は，102，122，142，162，182の5個ある。

(6)　3の倍数から4の倍数でもある数(12の倍数)を取りのぞくと考えれば，3の倍数は1から100までに，100÷3＝33あまり1より33個，12の倍数は，100÷12＝8あまり4より8個あるので，3の倍数で4の倍数でない数は，33－8＝25(個)あることになる。

(7)　91から108までの整数は全部で，(108－91)＋1＝18(個)であるから，この中に2の倍数，3の倍数，6の倍数は，それぞれ，18÷2＝9(個)，18÷3＝6(個)，18÷6＝3(個)ある。よって，2の倍数でも3の倍数でもない数は，18－(9＋6－3)＝6(個)ある。

(8)　右の計算より，3×5×3×1×1×7＝315が最小公倍数であり，求める数はもっとも小さい偶数の公倍数であるから，315×2＝630である。

```
3 ) 9  15  105
5 ) 3   5  105
3 ) 3   1   21
    1   1    7
```

(9)　1235にもっとも近い7の倍数は，1234÷7＝176あまり2より，1234－2＝1232である。したがって，なるべく小さい2けたの数をひいて7の倍数にするには，7×2＋2＝16をひけばよい。

(10)　100÷6＝16あまり4，16－1＝15より，100以下の6の倍数は16個あるが，このうち1けたの数が1個あるから，2けたの整数で6の倍数は15個ある。同様に，100÷8＝12あまり4，12－1＝11より，2けたの整数で8の倍数は11個ある。また，6でも8でも割りきれる数は24の倍数でもあるから，100÷24＝4あまり4より，4個ある。よって，2けたの整数，99－9＝90(個)のうち，6か8で割りきれる整数は全部で，15＋11－

4＝22(個)あるから，6でも8でも割りきれない整数は，90－22＝68(個)となる。

56 数の性質①

こたえ (1) 30 (2) 17 (3) 261 (4) 下2けた (5) 627 (6) 31, 30, 29, 28, 27, 26, 25 (7) 195 (8) 60, 61 (9) $\frac{6}{7}$ (10) 5個

くわしい解き方 (1) 84÷3＝28より，連続する3つの偶数のまん中の数は28であり，もっとも小さい数は26，もっとも大きい数は30である。

(2) 17×17＝289より，同じ数を2回かけ合わせると289になる数は17である。

(3) 連続する4つの整数の和が1050のとき，一番小さい数は，{1050－(1＋2＋3)}÷4＝1044÷4＝261である。

(4) 1から10までの整数の中で5の倍数は，10÷5＝2(個)ある。したがって，1から10までの整数の積を5で割ると2回割りきれ，2で割ると2回以上割りきれる。よって，この整数の積を10で割ると2回割りきれるから，この整数の積の終わりには0が2個並ぶ。つまり，下2けたまで0が並ぶ。

(5) この奇数の10倍を125で割ったときの商として考えられる値は，49.5以上50.5未満であるから，この奇数の10倍は，49.5×125＝6187.5(以上)，50.5×125＝6312.5(未満)である。このことから，この奇数は，618以上631以下の数であることがわかる。また，この奇数を7で割ると4あまることから，この奇数から4をひくと7の倍数になる。したがって，618以上631以下の数で，4をひくと7の倍数になるのは620，627の2つあるが，求めるのは奇数なので627ときまる。

(6) $\frac{2}{7}$と$\frac{3}{8}$の分子を9にそろえると，$\frac{2}{7}=\frac{9}{31.5}$，$\frac{3}{8}=\frac{9}{24}$となる。この間で分子が9の分数を考えると，$\frac{9}{31}$，$\frac{9}{30}$，$\frac{9}{29}$，$\frac{9}{28}$，$\frac{9}{27}$，$\frac{9}{26}$，$\frac{9}{25}$がある。よって，分母は，31，30，29，28，27，26，25となる。

(7) $\frac{9}{13}$の分子と分母の和は，9＋13＝22だから，分子と分母をそれぞれ，330÷22＝15(倍)にすればよい。したがって，この分数は，$\frac{9\times15}{13\times15}=\frac{135}{195}$になるから，分母は195になる。

(8) 47÷23×30＝47×30÷23＝61.3…，47÷19×24＝47×24÷19＝59.3…より，$\frac{23}{30}$と$\frac{19}{24}$の間にある分数で分子が47であるのは$\frac{47}{60}$と$\frac{47}{61}$であるから，□にあてはまる数は60または61である。

(9) $10\frac{1}{2}=\frac{21}{2}$，$4\frac{2}{3}=\frac{14}{3}$より，分母の2と3の最小公倍数は6，分子の21と14の最大公約数は7であるから，この分数は$\frac{6}{7}$である。

(10) $\frac{24}{12}=2$，$\frac{24}{6}=4$より，$2<\frac{24}{\square}<4$を満たす□は12より小さく，6より大きい数である。よって，□にあてはまる整数は，7，8，9，10，11の全部で5個ある。

57 数の性質②

こたえ (1) $\frac{35}{84}$ (2) 9 (3) $\frac{14}{45}$ (4) 30 (5) 7個 (6) 800 (7) 2個 (8) $2\frac{134}{315}$ (9) 15 (10) 91

くわしい解き方 (1) 約分すると$\frac{5}{12}$になるから，約分する前の分母と分子の比は12：5であり，差が49であるから，12－5＝7が49にあたる。したがって，1は，49÷7＝7になるから，この分数の分母は，7×12＝84，分子は，7×5＝35となる。よって，この分数は$\frac{35}{84}$である。

(2) $\frac{1}{5}=\frac{2}{10}$，$\frac{1}{4}=\frac{2}{8}$より，$\frac{1}{5}<\frac{2}{\square}<\frac{1}{4}$は分子をそろえると，$\frac{2}{10}<\frac{2}{\square}<\frac{2}{8}$となる。よって，□に入る数は9である。

(3) 求める分数を$\frac{\triangle}{\bigcirc}$とすると，$\div\frac{\triangle}{\bigcirc}$ ⇨ $\times\frac{\bigcirc}{\triangle}$となるので，$\frac{28}{3}\times\frac{\bigcirc}{\triangle}$，$\frac{98}{9}\times\frac{\bigcirc}{\triangle}$，$\frac{56}{5}\times\frac{\bigcirc}{\triangle}$のすべてが整数になる。このことより，△は28，98，56の公約数で，○は3，9，5の公倍数であることがわかる。さらに，$\frac{\triangle}{\bigcirc}$をなるべく大きくするには，△をより大きく，○をより小さくしなければならない。したがって，△は28，98，56の最大公約数14，○は3，9，5の最小公倍数45となるから，求める分数は$\frac{14}{45}$となる。

(4) xは1：2：3に分けられることから，1＋2＋3＝6より6の倍数である。同じようにxは4：5：6にも分けられるので，4＋5＋6＝15より15の倍数であり，xは6と15の公倍数であるといえる。6と15の最小公倍数は30だから，求める数は30となる。

(5) 1から30までの整数の中で5の倍数は，30÷5＝6(個)あるが，このうち25は5で割ると2回割りきれ，

その他の5個の倍数はそれぞれ5で1回ずつ割りきれる。よって，1から30までの整数の積を5で割ると，2+5=7(回)割りきれ，2で割ると7回以上割りきれる。したがって，この整数の積を10で割ると7回割りきれるから，この整数の積の終わりには0が7個並ぶ。

(6) 最後から逆に計算していくと，□÷5=1あまり3，□=5×1+3=8。□÷7=8あまり5，□=7×8+5=61。□÷13=61あまり7より，□=13×61+7=800となる。

(7) 一の位を四捨五入して100になる整数は95以上104以下である。したがって，ある整数を4倍してから15をひいた数が95以上104以下であるから，ある整数を4倍した数は，95+15=110以上，104+15=119以下となる。よって，110以上119以下の整数で4の倍数になるのは，112，116の2個であるから，112÷4=28，116÷4=29より，このような整数は28と29の2個ある。

(8) 0と1の間にあって，分母が11より小さく，分母と分子の差が2で，約分できない分数の和は，$\frac{7}{9}+\frac{5}{7}+\frac{3}{5}+\frac{1}{3}=\frac{245}{315}+\frac{225}{315}+\frac{189}{315}+\frac{105}{315}=\frac{764}{315}=2\frac{134}{315}$である。

(9) ある数Aは，1000÷79=12.6…より，13以上で，1000÷49=20.4…より，20以下の数である。また，79をAで割ると4あまることから，Aは，79−4=75より，75の約数であることがわかる。75の約数は，75=1×75，3×25，5×15より，1，3，5，15，25，75の6個あり，上の範囲(はんい)にあてはまるものは15である。したがって，Aは15になる。

(10) 3つの7の倍数の和は偶数で，大きい方の2数の差も偶数であるから，一番小さい数も偶数である。よって，一番小さい数を14とすると，他の2数の和は，140−14=126，差は56であるから，一番大きい数は，(126+56)÷2=91となる。また，一番小さい数を28とすると，他の2数の和は，140−28=112であるから，他の2数はそれぞれ，(112+56)÷2=84，84−56=28となり，小さい方の2数が同じになり適さない。したがって，一番大きい数は91である。

58 数の性質③

こたえ **(1)** 63 **(2)** $\frac{9}{20}$ **(3)** 5個 **(4)** $\frac{105}{118}$，$\frac{105}{116}$ **(5)** 70 **(6)** 22回 **(7)** 12個 **(8)** (ア，イ)=(24，15)(40，25) **(9)** □…6，○…3 **(10)** ア…1，イ…6

くわしい解き方 **(1)** 約分して$\frac{4}{9}$となる分数は$\frac{4\times□}{9\times□}$であるから，(4×□)+(9×□)=91，(4+9)×□=91，13×□=91，□=91÷13=7となり，この分数の分母は，9×7=63と求められる。

(2) $\frac{7}{17}$，$\frac{8}{17}$の分母をどちらも20にすると，$\frac{7}{17}=\frac{7\times\frac{20}{17}}{17\times\frac{20}{17}}=\frac{\frac{140}{17}}{20}=\frac{8\frac{4}{17}}{20}$，$\frac{8}{17}=\frac{8\times\frac{20}{17}}{17\times\frac{20}{17}}=\frac{\frac{160}{17}}{20}=\frac{9\frac{7}{17}}{20}$となるので，$\frac{7}{17}$と$\frac{8}{17}$の間の分数で分母が20であるものは$\frac{9}{20}$ときまる。

(3) $\frac{1}{4}=\frac{6}{24}$，$\frac{5}{6}=\frac{20}{24}$より，$\frac{1}{4}$より大きく$\frac{5}{6}$より小さい分数のうち，分母が24であるものは，$\frac{7}{24}$から$\frac{19}{24}$までの分数である。よって，このうち，約分できない分数は，$\frac{7}{24}$，$\frac{11}{24}$，$\frac{13}{24}$，$\frac{17}{24}$，$\frac{19}{24}$の5個。

(4) $\frac{15}{17}=\frac{105}{119}$，$\frac{21}{23}=\frac{105}{115}$であるから，$\frac{15}{17}$と$\frac{21}{23}$の間にある分数で分子が105であるのは，$\frac{105}{118}$，$\frac{105}{117}$，$\frac{105}{116}$の3つであるが，$\frac{105}{117}$は3で約分できる。よって，約分できない分数は$\frac{105}{118}$と$\frac{105}{116}$である。

(5) Aの$\frac{5}{7}$はBの$\frac{8}{13}$に10を加えた数と等しく，A，Bはともに整数である。したがって，Aの$\frac{5}{7}$も整数になるから，Aは7の倍数であり，Aの$\frac{5}{7}$は5の倍数になる。よって，10は5の倍数であるから，Bの$\frac{8}{13}$も5の倍数であり，Bは5と13の公倍数になる。ここで，AとBの和は135で，Aは7の倍数(7以上)であるから，Bは，135−7=128以下である。したがって，Bは128以下の5と13の公倍数であるからB=65であり，Aは，135−65=70となる$\left(A\text{の}\frac{5}{7}\text{が}B\text{の}\frac{8}{13}\text{に10を加えた数と等しいから，}A\text{の}\frac{1}{7}\text{は，}\left(B\times\frac{8}{13}+10\right)\times\frac{1}{5}=B\times\frac{8}{65}+2\text{に等しい。よって，}A\text{の}\frac{1}{7}\text{も}B\text{の}\frac{8}{65}\text{も整数であるから，}A\text{は7の倍数，}B\text{は65の倍数とわかる}\right)$。

(6) 6=2×3であり，3の倍数よりも2の倍数のほうが多いから，3で割れる回数だけ6で割ることができる。ここで，3×3×3=27は3で3回割れ，9，18，36，45は3で2回割れる。また，50までの中に3の倍数が16個あるから，16−(1+4)=11(個)は3で1回ずつ割れる。よって，Dを3で割ると，3＋2×4＋1×11＝22(回)まで割れるから，6で割っても22回割ることができる。

(7)　1から50までの整数の中で5の倍数は，50÷5＝10(個)であるが，このうち25と50は5で割ると2回割りきれ，その他の8個の倍数はそれぞれ5で1回ずつ割りきれる。よって，1から50までの整数の積を5で割ると全部で，2×2＋8＝12(回)割りきれ，2で割ると12回以上割りきれる。したがって，この整数の積を10で割ると12回割りきれるから，この整数の積の終わりには0が12個並ぶ。

(8)　$\frac{17}{\boxed{\text{ア}}}\times\frac{\boxed{\text{イ}}}{34}=\frac{\boxed{\text{イ}}}{\boxed{\text{ア}}\times2}=\frac{5}{16}$より，$\boxed{\text{ア}}\times2:\boxed{\text{イ}}=16:5$，$\boxed{\text{ア}}:\boxed{\text{イ}}=8:5$である。$\frac{17}{\boxed{\text{ア}}}$，$\frac{\boxed{\text{イ}}}{34}$がともに1より小さいからア＞18，イ＜33となり，$\frac{17}{\boxed{\text{ア}}}$，$\frac{\boxed{\text{イ}}}{34}$がともに既約分数(これ以上約分できない分数)であることに注意すれば，(ア，イ)＝(24，15)(40，25)となる。

(9)　$\frac{1}{\square}+\frac{\bigcirc}{4}=\frac{11}{12}$で，○の数は1～3のいずれかであるから，○＝1とすると，$\frac{1}{\square}=\frac{11}{12}-\frac{1}{4}=\frac{8}{12}=\frac{2}{3}$となり，□にあてはまる整数はない。○＝2とすると，$\frac{1}{\square}=\frac{11}{12}-\frac{2}{4}=\frac{5}{12}$となり適さない。○＝3とすると，$\frac{1}{\square}=\frac{11}{12}-\frac{3}{4}=\frac{2}{12}=\frac{1}{6}$となるから，□＝6，○＝3とわかる。

(10)　$3\frac{\boxed{\text{ア}}}{13}\div2\frac{\boxed{\text{イ}}}{7}=1\frac{1}{13}=\frac{14}{13}$より，$3\frac{\boxed{\text{ア}}}{13}:2\frac{\boxed{\text{イ}}}{7}=14:13$とわかる。$3\frac{\boxed{\text{ア}}}{13}=3+\frac{\boxed{\text{ア}}}{13}=\frac{39}{13}+\frac{\boxed{\text{ア}}}{13}=\frac{39+\boxed{\text{ア}}}{13}$，$2\frac{\boxed{\text{イ}}}{7}=2+\frac{\boxed{\text{イ}}}{7}=\frac{14}{7}+\frac{\boxed{\text{イ}}}{7}=\frac{14+\boxed{\text{イ}}}{7}$とできるので，$\frac{39+\boxed{\text{ア}}}{13}:\frac{14+\boxed{\text{イ}}}{7}=14:13$となり，内項の積と外項の積が等しいことから，$\frac{39+\boxed{\text{ア}}}{13}\times13=\frac{14+\boxed{\text{イ}}}{7}\times14$，$39+\boxed{\text{ア}}=2\times(14+\boxed{\text{イ}})$となる。$39+\boxed{\text{ア}}=2\times(\ \ )$より$39+\boxed{\text{ア}}$は偶数になるので，$\boxed{\text{ア}}$には必ず奇数が入ることになる。そこで，$\boxed{\text{ア}}\boxed{\text{イ}}$にあてはまる数を順に求めると，(ア，イ)＝(1，6)(3，7)(5，8)，…となるが，$2\frac{\boxed{\text{イ}}}{7}$は帯分数であるから$\boxed{\text{イ}}$は6以下の数であり，(ア，イ)＝(1，6)と求められる。

59　循環(じゅんかん)小数

こたえ　**(1)**　8　**(2)**　4　**(3)**　3　**(4)**　1　**(5)**　5　**(6)**　3　**(7)**　5　**(8)**　2　**(9)**　1　**(10)**　102

くわしい解き方　**(1)**　$\frac{5}{27}$＝5÷27＝0.185185…より，小数点以下の数字は1，8，5のくり返しである。よって，20÷3＝6あまり2より，小数第20位の数字は小数第2位の数字と同じになるから8である。

(2)　$\frac{4}{27}$＝4÷27＝0.148148…より，小数点以下の数字は1，4，8の3つの数字のくり返しになる。よって，小数第20位の数字は，20÷3＝6あまり2より，4である。

(3)　$\frac{150}{1111}$＝150÷1111＝0.13501350…より，小数点以下の数字は1，3，5，0の4つの数字のくり返しになる。よって，小数第50位の数字は，50÷4＝12あまり2より，3である。

(4)　12÷111＝0.108108…より，小数点以下の数字は1，0，8のくり返しになるから，100÷3＝33あまり1より，小数第100位の数字は小数第1位の数字と同じ1である。

(5)　3÷7＝0.428571428571…より，小数点以下の数字は4，2，8，5，7，1の6つの数字のくり返しになる。よって，小数第100位の数字は，100÷6＝16あまり4より，5である。

(6)　$\frac{2}{13}$を小数になおすと，2÷13＝0.1538461538461…となり，小数点以下1，5，3，8，4，6の6つの数字のくり返しになる。したがって，小数第33位の数字は，33÷6＝5あまり3より，小数第3位と同じ3である。

(7)　1÷7＝0.142857142857…より，小数点以下の数字は1，4，2，8，5，7の6つの数字のくり返しになるから，小数第35位の数字は，35÷6＝5あまり5より，5である。

(8)　$\frac{5}{7}$＝5÷7＝0.7142857…となり，小数点以下の数字は7，1，4，2，8，5の6つの数字のくり返しになる。よって，100÷6＝16あまり4より，小数第100位の数字は，第4位の数と同じく2である。

(9)　1993÷7＝284.7142857…となり，小数点以下の数字は7，1，4，2，8，5の6つの数字のくり返しになる。よって，50÷6＝8あまり2より，小数第50位の数字は小数第2位の数字と同じになるから1である。

(10) $\frac{1}{9}=0.11\cdots$, $\frac{1}{99}=0.010101\cdots$, $\frac{1}{999}=0.001001001\cdots$ であることより，$\frac{893}{1110}=\frac{8037}{9990}=\frac{8037}{999}\div10=8\frac{45}{999}\div10=(8+0.001001001\cdots\times45)\div10=(8+0.045045045\cdots)\div10=8.045045045\cdots\div10=0.8045045045\cdots$ となる。ここで，小数第１位以下の数字を書き出してみると，8，0，4，5，0，4，5，0，4，5，0，4，…となるので，第33位までには，5，0，4の組が，(33−3)÷3＝10(組)と8，0，4があることになる。よって，それらの数の和は，8＋0＋4＋10×(5＋0＋4)＝102である。

60 規則性①

こたえ (1) 34 (2) 5 (3) ① 16 ② 25 (4) ① 86 ② 77 (5) $\frac{2}{9}$ (6) 21 (7) $\frac{2}{3}$ (8) 24 (9) $\frac{9}{14}$ (10) (11＋21)×32

くわしい解き方 (1) 1，2，3，5，8，13，21，…は，1＋2＝3，2＋3＝5，3＋5＝8のように，前２個の数の和を並べた数列になるから，□は，13＋21＝34である。

(2) 1からは１つおきに１ずつふえ，9からは１つおきに２ずつへっている。したがって，□＝7−2＝5である。

(3) 1，4，9，①，②，36，…は，１番目が，1×1＝1，２番目が，2×2＝4，３番目が，3×3＝9のようになっているので，①は，4×4＝16，②は，5×5＝25である。

(4) 92−91＝1，91−89＝2のように，前の数との差が１つずつふえていく。したがって，①＝89−3＝86，②＝82−5＝77である。

(5) $\frac{1}{3}$，$\frac{5}{9}$，□，$\frac{11}{81}$，$\frac{17}{243}$，…において，□の分数の分子を6とすれば，1＋5＝6，5＋6＝11，6＋11＝17，…となり，これらの分数の分子は，前の２つの分子の和になっていることがわかる。また，9÷3＝3，243÷81＝3より，分母は順に３倍ずつ大きくなる。よって，□の分数の分母は，9×3＝27であるから，この分数は，$\frac{6}{27}=\frac{2}{9}$となる。

(6) 規則は，(分子)＋2＝(分母)になっているから，19＋2＝21である。

(7) この数列は，$\frac{1}{6}$，$\frac{2}{6}$，$\frac{3}{6}$，$\frac{4}{6}$，$\frac{5}{6}$，$\frac{6}{6}$，$\frac{7}{6}$，…を約分したものであるから，□＝$\frac{2}{3}$となる。

(8) この数列は，$\frac{1}{19}=\frac{5}{95}$，$\frac{3}{47}=\frac{6}{94}$，$\frac{7}{93}$，$\frac{2}{23}=\frac{8}{92}$，$\frac{9}{91}$のように，分子と分母の和が100で，分母は１ずつ小さくなっている。したがって，□＝$\frac{96}{4}$＝24である。

(9) $\frac{1}{2}$，$\frac{3}{5}$，$\frac{5}{8}$，$\frac{7}{11}$，□，$\frac{11}{17}$，…と並ぶ分数は，分子，分母がそれぞれ2，3ずつ大きくなるから，□＝$\frac{9}{14}$と求められる。

(10) (ア＋イ)×ウとすると，アは2ずつ，イは4ずつ，ウは6ずつふえているから，9＋2＝11…ア，17＋4＝21…イ，26＋6＝32…ウとなる。

61 規則性②

こたえ (1) 62 (2) 2 (3) 34 (4) 10 (5) 51 (6) 20 (7) $\frac{11}{60}$ (8) $\frac{3}{8}$ (9) $\frac{1}{1320}$ (10) $298\frac{299}{300}$

くわしい解き方 (1) この数列は３ずつ大きくなる等差数列であるから，20番目の数は，5＋3×(20−1)＝62である。

(2) (1)，(1，2，1)，(1，2，3，2，1)，(1，2，3，4，3，2，1)，…となるから，1＋3＋5＋7＋…＋19＝100より，102番目の数は，2とわかる。

(3) 1，2，3，5，8，13，…は，1＋2＝3，2＋3＝5，3＋5＝8のように，前の２つの数の和が次に並ぶ数列である。したがって，８番目の数は，8＋13＝21より，13＋21＝34である。

(4) (1)，(1，2)，(1，2，3)，(1，2，3，4)，…となるから，1＋2＋3＋4＋…＋15＝120より，15組目までの数の個数は全部で120個ある。よって，130番目の数は，16組目の10番目の数になるから，10とわかる。

(5) 151÷3＝50あまり1より，151番目までに1から50までの数が３個ずつ並んでいるから，151番目の数はその次の51である。

(6) (1，2，3，4，5，6)，(2，3，4，5，6，7)，(3，4，5，6，7，8)，…と6つずつの組に分けられる。したがって，100番目の数は，100÷6＝16あまり4より，17組目の4番目の数，つまり，17

$+4-1=20$ である。

(7) この分数の列は，$\frac{1}{1}$，$\frac{2}{6}$，$\frac{3}{12}$，$\frac{4}{18}$，$\frac{5}{24}$，$\frac{6}{30}$，… のように並んでおり，分母が6ずつふえ，分子が1ずつふえる分数の列を約分したものである。したがって，11番目の分数の分母は，$6\times(11-1)=60$で，分子は11であるから，$\frac{11}{60}$となる。

(8) (1)，$\left(\frac{1}{2}, 1\right)$，$\left(\frac{1}{3}, \frac{2}{3}, 1\right)$，$\left(\frac{1}{4}, \frac{2}{4}, \frac{3}{4}, 1\right)$，…であり，$1+2+3+\cdots+7=28$より，28番目の数は，$1=\frac{7}{7}$である。したがって，29番目の数は$\frac{1}{8}$，30番目は$\frac{2}{8}$となるから，31番目は$\frac{3}{8}$である。

(9) $\frac{1}{6}$，$\frac{1}{24}$，$\frac{1}{60}$，$\frac{1}{120}$ はそれぞれ，$\frac{1}{1\times2\times3}$，$\frac{1}{2\times3\times4}$，$\frac{1}{3\times4\times5}$，$\frac{1}{4\times5\times6}$と考えれば，□番目の分数は$\frac{1}{\square\times(\square+1)\times(\square+2)}$となるから，10番目の分数は，$\frac{1}{10\times11\times12}=\frac{1}{1320}$と求められる。

(10) $1\frac{2}{3}$，$4\frac{5}{6}$，$7\frac{8}{9}$，$10\frac{11}{12}$，$13\frac{14}{15}$，…と並んでいる分数の分母に注目すると，1番目は3，2番目は6，3番目は9となっており，n番目の分母は$n\times3$であることがわかる。また，分子は分母より1小さく，さらに整数の部分は分子より1小さいので，100番目の分数は，$(100\times3-1-1)\frac{100\times3-1}{100\times3}=298\frac{299}{300}$となる。

62 規則性③

こたえ **(1)** 黒 **(2)** 45個 **(3)** 60個 **(4)** 41個 **(5)** 36本 **(6)** 39番目 **(7)** 28番目 **(8)** 22番目 **(9)** 55番目 **(10)** 43番目

くわしい解き方 **(1)** ご石は左から8個ごとに同じ並べ方をくり返している。$131\div8=16$あまり3だから，131番目のご石は左から3番目のご石と同じで，黒である。

(2) 白黒黒白黒白白の7個のご石のくり返しになるから，$80\div7=11$あまり3より，80個並べたとき，この7個の並びが11回くり返され，さらに白黒黒のご石が続くから，80個並べたご石の中の白石の数は全部で，$4\times11+1=45$(個)となる（1回の並びの中に白石は4個ふくまれる）。

(3) 白黒白白黒の5個のご石のくり返しになるから，$100\div5=20$より，100個並べたとき，この5個の並びが20回くり返される。5個の並びには白石は3個あるから，全部で，$3\times20=60$(個)ある。

(4) 左から数えて8個ずつを1組として考える。$111\div8=13$あまり7であるから，13組と7個並べることになる。1組の中に黒い石は3個あり，7個目までには2個あるから，全部で，$3\times13+2=41$(個)使うことになる。

(5) 216mに2mおきに旗を立てるのだから，$216\div2=108$(本)の旗を立てることになる。また，旗の色は，赤，青，黄，赤，緑，白∫赤，青，黄，赤，緑，白∫赤，…となっており，6本ごとに色がくり返されている。6本を1セットと考えると，$108\div6=18$(セット)あることになり，1セットに赤は2本あるので，全部で赤の旗は，$2\times18=36$(本)あることになる。

(6) (1，2，3)，(2，3，4)，(3，4，5)，…となっている。ここで，例えば3がはじめて現れるのは，3組より2つ手前の1組目の終わりである。したがって，15がはじめて現れるのは，$3\times(15-2)=39$(番目)である。

(7) 分母が1，3，5，7，9の分数は，分母の数と同じだけあるから，$1+3+5+7+9=25$より，$\frac{9}{9}$は25番目になる。したがって，26番目から順に$\frac{1}{11}$，$\frac{2}{11}$，$\frac{3}{11}$，…となるから，$\frac{3}{11}$は，$25+3=28$(番目)である。

(8) 2は2個，3は3個，4は4個，…と出てくるから，最後の6ははじめから数えると，$1+2+3+\cdots+6=21$(番目)である。よって，はじめて7が出てくるのは，その次の22番目である。

(9) 1，5，(6)，7，11，(12)，13，17，(18)，19，…より，6の倍数をはさんで6で割ると1あまる数と5あまる数を並べた数列である。よって，$163\div6=27$あまり1より，163は27番目の6の倍数より1大きい整数であるから，この数列の，$2\times27+1=55$(番目)の数になる。

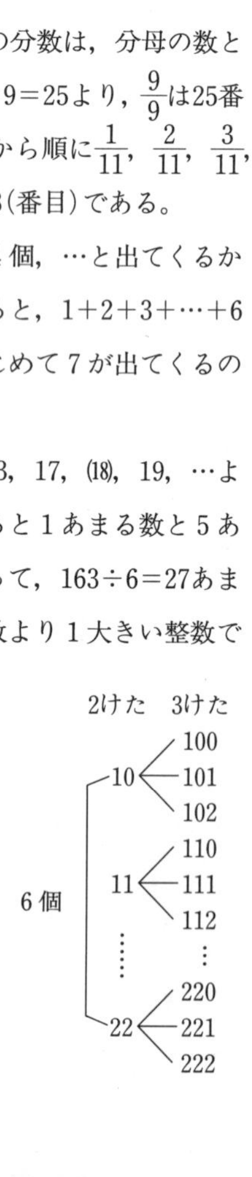

(10) 1けたの数は3個，2けたの数は，$2\times3=6$(個)，3けたの数は，右の図より，$6\times3=18$(個)あるから，1000未満の数は全部で，$3+6+18=27$(個)ある。また，1000以上1100未満の数は，

十の位，一の位の数がどちらも0，1，2の3通りずつあるから，全部で，3×3＝9(個)ある。よって，1100未満の数は，27＋9＝36(個)であるから，1120は，1100，1101，1102，1110，1111，1112，1120より，36＋7＝43(番目)になる。

63 規則性④

こたえ (1) 12個 (2) 4997 (3) 992 (4) 10 (5) 48回 (6) 189けた (7) 14 (8) 117 (9) 1060 (10) 1874ページ

くわしい解き方 (1) 4で割ると小数第1位が2になる整数は，4で割ったときにあまりが1になる整数であるから，小さい順に並べると{1，5，9，13，…，45，49}となる。したがって，このような整数は1から50までの中に，50÷4＝12あまり2より，12＋1＝13(個)あり，1から4までの中に1個あるので，5から50までの中には，13－1＝12(個)ある。

(2) 1000÷7＝142あまり6より，1000字目まで打つと，5，3，2，4，6，7，8の数字を142回くり返し，最後にもう1回8以外の6個の数字を打つことになる。よって，この7個の数字の和は35であるから，1000字目までの数の和は，35×(142＋1)－8＝4997である。

(3) 規則性にしたがって数列をかいていくと下のようになる。よって求める和は，32＋64＋128＋256＋512＝992である。

①	②	③	④	⑤	⑥	⑦	⑧	⑨	⑩	
1,	2,	4,	8,	16,	32,	64,	128,	256,	512,	…

(4) となりあう偶数と奇数の差は1なので，下のように書き出すと，そのような組は，(28－10)÷2＋1＝10(組)あるので，奇数の和のほうが，1×10＝10大きい。

偶数	10	12	14	16	18	20……28	
	）1	）1	）1	）1	）1	）1	）1
奇数	11	13	15	17	19	21……29	

(5) 1から9まで…0回，10から19までは1回だから，10から99まで…1×9＝9(回)，100から109まで…11回，110から199まで…10から99までと同じで9回，200から209まで…11回，210から288まで…1×8＝8(回)であるから，全部で，0＋9＋11＋9＋11＋8＝48(回)書く。

(6) この数は，1から9までで，1×9＝9(けた)ある。また，10から99までは，(99－9)×2＝180(けた)になる。よって，この数は，9＋180＝189(けた)である。

(7) 1＋2＋3＋…＋13＝(1＋13)×13÷2＝91より，最後の13は91番目であり，14が14個これに続くから，100番目の数は14とわかる。

(8) 6＝1＋2＋3＝(1＋3)×3÷2，38＝8＋9＋10＋11＝(8＋11)×4÷2，というように，連続する整数の和は，両端の数の和×個数÷2で求められる。1992を連続する16個の整数の和で表すとすると，(最小の数＋最大の数)×16÷2＝1992より，最小の数＋最大の数＝1992÷8＝249である。連続する16個の整数の最小と最大の差は15なので，最小の数(はじめの数)は，(249－15)÷2＝117となる。

(9) 分母と分子の和は，1001，1002，1003，1004，…と1ずつふえていくから，60番目の分数の分母と分子の和は1060である。

(10) 使う数字は，1ページから9ページまでが，1×9＝9(個)，10ページから99ページまでが，2×90＝180(個)，100ページから999ページまでが，3×900＝2700(個)である。これから，1000ページ以降の4けたのページは，{6389－(9＋180＋2700)}÷4＝875(ページ)となる。したがって，この本のページ数は，999＋875＝1874(ページ)とわかる。

64 日暦算

こたえ (1) 25日 (2) 7月2日 (3) 水曜日 (4) 月曜日 (5) 15日 (6) 水曜日 (7) 47回 (8) 木曜日 (9) 火曜日 (10) 1992年11月

くわしい解き方 (1) $100=\underset{2月}{1}+\underset{1月}{31}+\underset{12月}{31}+\underset{11月}{30}+\underset{10月}{7}$ であるから，2月2日の100日前は10月の，31－7＋1＝25(日)である。

(2) 365のちょうどまん中の数は，365÷2＝182あまり1より，182＋1＝183であるから，1年のちょうどまん中の日は1月1日から数えて183日目である。この日を1月183日とし，それぞれの月の日数をひいていくと，1月183日→2月152日→3月124日→4月93日→5月63日→6月32日→7月2日となる。

(3)　$(31-1)+30+31=91$より，7月31日は5月1日の91日後である。よって，$91\div7=13$より，7月31日は5月1日と同じ水曜日である。

(4)　$(30-14)+31+31+30+5=113$より，10月5日は6月14日の113日後である。よって，$113\div7=16$あまり1より，10月5日は6月14日の次の日と同じ曜日になるから，月曜日である。

(5)　日付の数を合計した週の日曜日の日付の数をxとすると，月曜の日付の数は$x+1$，…，土曜日の日付の数は$x+6$となるから，$x+x+1+x+2+x+3+x+4+x+5+x+6=119$，$x\times7+21=119$，$x=(119-21)\div7=14$(日)とわかる。3月14日から数えて8月1日までは，$31-14+30+31+30+31+1=140$(日)あるから，$140\div7=20$より，8月1日は日曜日である。よって，8月の第3日曜日は8月15日になる。

(6)　日数が7日ふえると同じ曜日になるから，ある月を□月とすると，□月1日が月曜日なので，月曜日は□月の8日，15日，22日，29日にあたる。したがって，その月の最後の日，つまり日曜日は□月28日であるから，その月は2月であることがわかる。このことから，3月1日が月曜日であるときの3月31日の曜日を出せばよいから，$(31-1)\div7=4$ あまり2より，曜日は2つ進んで水曜日となる。

(7)　$(28-4)+31+30+31+30+31+31+30+31+30+31=330$より，今年はあと330日ある。$330\div7=47$あまり1より，今年はあと47回の金曜日がある。

※$(365-35)\div7$としてもよい。

(8)　1年(平年)は365日であるから，1年後の同じ日付の曜日は，$(365+1)\div7=52$あまり2より，1日ずれることがわかる。つまり，1994年の2月2日が水曜日なら，1993年の2月2日は火曜日である。また，うるう年のときは2日ずれる。このことから，1987年の2月2日は，$1994-1987+2=9$(日)より，9日ずれるから，水，$\underset{1}{\text{火}}$，$\underset{2}{\text{月}}$，$\underset{3}{\text{日}}$，$\underset{4}{\text{土}}$，$\underset{5}{\text{金}}$，$\underset{6}{\text{木}}$，$\underset{7}{\text{水}}$，$\underset{8}{\text{火}}$，$\underset{9}{\text{(月)}}$，つまり，月曜日である。また，1987年の1月1日から2月2日までの日数は，$31+1$(または$2-1$)$=32$(日)であるから，$32\div7=4$あまり4より，$\underset{1}{\text{日}}$，$\underset{2}{\text{土}}$，$\underset{3}{\text{金}}$，$\underset{4}{\text{木}}$から，1987年の1月1日は木曜日になる。

(9)　平年では1年後の同じ日は，$365\div7=52$あまり1より，曜日は1日ずれて次の曜日になる。1992年4月1日から1997年4月1日までに，うるう年の2月29日は1回だけである。したがって，1997年4月1日は，$1997-1992+1=6$より，曜日は6日ずれて火曜日となる。

(10)　$31\div7=4$あまり3，$30\div7=4$あまり2より，1993年8月17日の火曜日から1か月ずつさかのぼるとき，31日の場合は3日，30日の場合は2日だけ前の曜日と同じになる。よって，7月18日から8月17日まで31日あるから，7月17日は8月17日の3日前の曜日と同じ土曜日になる。また，6月18日から7月17日までは30日あるから，6月17日は7月17日の2日前と同じ木曜日になる。同様にして，1か月ずつさかのぼって各月の17日の曜日を調べると，下の表のようになる。したがって，1992年11月17日が火曜日だったことがわかる。

	1993								1992		
月	8	7	6	5	4	3	2	1	12	11	10
日数	31	30	31	30	31	28	31	31	30	31	
曜日	火	土	木	月	土	水	水	日	木	火	土

65　約束記号

こたえ　**(1)** 120　**(2)** 31　**(3)** 3　**(4)** 4　**(5)** 0　**(6)** $21\frac{1}{4}$　**(7)** $\frac{1}{15}$　**(8)** 2　**(9)** 39　**(10)** $13\frac{7}{9}$

くわしい解き方　**(1)**　3※6 $=3\times6+6=24$であるから，4※(3※6)＝4※24$=4\times24+24=120$である。

(2)　$3*2=3\times2+3-2=7$であるから，$(3*2)*4=7*4=7\times4+7-4=28+3=31$である。

(3)　5※4 $=5\times4-5=15$より，(5※4)☆□＝48，15☆□＝48，15×□＋□＝48，16×□＝48，□＝48÷16＝3である。

(4)　□＃5＝8＃2を計算記号で表すと，□×5＋□＝8×2＋8となるから，□×6＝24より，□＝4と求められる。

(5)　$9*6=(9-6)\div(9+6)=\frac{3}{15}$，$8*7=(8-7)\div(8+7)=\frac{1}{15}$であるから，$\frac{9*6}{8*7}=\frac{3}{15}\div\frac{1}{15}=3$である。また，$10*1=(10-1)\div(10+1)=\frac{9}{11}$，$7*4=(7-4)\div(7+4)=\frac{3}{11}$であるから，$\frac{10*1}{7*4}=\frac{9}{11}\div\frac{3}{11}=3$である。した

がって，$\frac{9*6}{8*7}*\frac{10*1}{7*4}=3*3=(3-3)\div(3+3)=0$ である。

(6) $2\text{☆}3=3-\frac{1}{2}+2\times3=8\frac{1}{2}$，$4\text{☆}5=3-\frac{1}{4}+2\times5=12\frac{3}{4}$ であるから，$(2\text{☆}3)+(4\text{☆}5)=8\frac{1}{2}+12\frac{3}{4}=8\frac{2}{4}+12\frac{3}{4}=21\frac{1}{4}$ である。

(7) $(15\text{☆}3)=15\times16\times17$，$(16\text{☆}2)=16\times17$，$(14\text{☆}4)=14\times15\times16\times17$であるから，$\frac{(15\text{☆}3)-(16\text{☆}2)}{(14\text{☆}4)}=\frac{15\times16\times17-16\times17}{14\times15\times16\times17}=\frac{15-1}{14\times15}=\frac{1}{15}$である。

(8) $5\circ4=\frac{5+4}{5-4}=9$ であるから，$(5\circ4)\circ3=9\circ3=\frac{9+3}{9-3}=\frac{12}{6}=2$ となる。

(9) $<9>=1+3+9=13$ であるから，$\ll9>+5>=<13+5>=<18>=1+2+3+6+9+18=39$ となる。

(10) $4*5=\frac{4\times2}{4+5}=\frac{8}{9}$ であるから，$(4*5)\circ6=\frac{8}{9}\circ6=\left(\frac{8}{9}+6\right)\times2=\frac{16}{9}+12=13\frac{7}{9}$となる。

66 場合の数①

こたえ (1) 18通り (2) 24通り (3) 9通り (4) 48通り (5) 26通り (6) 30通り (7) 224個 (8) 9通り (9) 10通り (10) 3通り

くわしい解き方 (1) 千の位は$\boxed{0}$以外の3枚から選べばよいから，千の位の選び方は3通りある。百の位は千の位で使った数以外の3枚から選べばよいから，これも3通りある。十の位は残りの2枚から選ぶから2通りとなり，一の位は残った1枚を使うしかないから，1通りである。よって，4けたの整数は，$3\times3\times2\times1=18$(通り)あることになる。

(2) $\boxed{1}\boxed{2}\boxed{3}\boxed{4}$のカードを並べて4けたの数をつくるとき，千の位には$\boxed{1}$～$\boxed{4}$のどのカードが入ってもよく，百の位には千の位で使った1枚のカードをのぞく残り3枚のどれを入れてもよく，十の位には千と百の位で使った2枚をのぞく，$4-2=2$(枚)のうちのどちらを入れてもよい。また，一の位には千，百，十で使った3枚以外の1枚を入れることになるので，全部で，$4\times3\times2\times1=24$(通り)の整数をつくることができる。

(3) 千の位は$\boxed{2}$か$\boxed{9}$になる。$\boxed{2}$を千の位に使う場合，$\boxed{2}\boxed{0}\boxed{2}\boxed{9}$，$\boxed{2}\boxed{0}\boxed{9}\boxed{2}$，$\boxed{2}\boxed{2}\boxed{0}\boxed{9}$，$\boxed{2}\boxed{2}\boxed{9}\boxed{0}$，$\boxed{2}\boxed{9}\boxed{0}\boxed{2}$，$\boxed{2}\boxed{9}\boxed{2}\boxed{0}$の6通りある。千の位に$\boxed{9}$を使う場合，$\boxed{9}\boxed{0}\boxed{2}\boxed{2}$，$\boxed{9}\boxed{2}\boxed{0}\boxed{2}$，$\boxed{9}\boxed{2}\boxed{2}\boxed{0}$の3通りある。よって，全部で，$6+3=9$(通り)ある。

(4) 百の位にくる数は，2，4，6，8の4通り，十の位は0をふくめて4通り，一の位は3通りあるから，全部で，$4\times4\times3=48$(通り)できる。

(5) $\boxed{0}\boxed{1}\boxed{2}\boxed{3}$($\boxed{1}$を1枚だけ使うか，あるいは1枚も使わない場合)でできる3けたの数は，百の位が$\boxed{1}\boxed{2}\boxed{3}$のいずれかの3通りで，十の位は$\boxed{0}$～$\boxed{3}$(実際には$\boxed{1}$～$\boxed{3}$の)4枚のうち1枚を百の位で用いることになるので，$4-1=3$(枚)の中からとることになり，一の位は百と十の位で用いた2枚以外の，$4-2=2$(枚)のいずれかをとることになるので，$3\times3\times2=18$(通り)のつくり方がある。次に$\boxed{1}$を2枚使うことを考えてみると，$\boxed{1}\boxed{1}\boxed{0}$，$\boxed{1}\boxed{0}\boxed{1}$，$\boxed{1}\boxed{1}\boxed{2}$，$\boxed{1}\boxed{2}\boxed{1}$，$\boxed{2}\boxed{1}\boxed{1}$，$\boxed{1}\boxed{1}\boxed{3}$，$\boxed{1}\boxed{3}\boxed{1}$，$\boxed{3}\boxed{1}\boxed{1}$の8通りがあるので，全部で，$18+8=26$(通り)ある。

(6) できる偶数の一の位は0か2か4である。一の位が0のとき，百の位と十の位は1，2，3，4のうち2つが並ぶから，$4\times3=12$(通り)ある。一の位が2のとき，百の位は1，3，4の3通りの決め方があり，百の位を決めたあと，十の位の決め方は(0としてもよいので)3通りだから，$3\times3=9$(通り)ある。一の位が4のときは，一の位が2のときと同じように9通りある。以上より，偶数は全部で，$12+9+9=30$(通り)あることになる。

(7) 一の位の数は，2，4，6，8のどれかになる。一の位が2のとき，十の位の数は，2以外の8通り，百の位の数は，2と十の位の数以外の7通り考えられるので，全部で，$8\times7=56$(個)できる。一の位の数が4，6，8のときもそれぞれ56個ずつできるので，全部で，$56\times4=224$(個)できる。

(8) 和が5になる場合は，(1，4)，(2，3)，(3，2)，(4，1)の4通り，和が6になる場合は，(1，5)，(2，4)，(3，3)，(4，2)，(5，1)の5通りである。よって，出た目の和が5または6となる場合は，$4+5=9$(通り)あることになる。

(9) 和が9になる場合は，(3，6)，(4，5)，(5，

4)，(6， 3)の4通り，和が10になる場合は，(4， 6)，(5， 5)，(6， 4)の3通り，和が11になる場合は(5， 6)，(6， 5)の2通り，和が12になる場合は(6， 6)の1通りある。よって，出た目の和が9以上になる場合は，4+3+2+1=10(通り)ある。

(10) 2×△−□=7 となるとき，2×△の値は7より大きいから，△に入る数は4， 5， 6の3通りで，そのとき□に入る数は，それぞれ1， 3， 5である。よって，2×△−□=7 となるのは全部で3通りある。

67 場合の数②

こたえ (1) 10通り (2) 6通り (3) 8個 (4) 7通り (5) 小さいとき…10，大きいとき…35 (6) 24個 (7) 4個 (8) 8通り (9) 10通り (10) 20通り

くわしい解き方 (1) 真分数とは1より小さい分数であるから，5枚のカードの中から2枚のカードを選んでできる真分数の個数は全部で，$\frac{1}{3}$，$\frac{1}{5}$，$\frac{1}{7}$，$\frac{1}{11}$，$\frac{3}{5}$，$\frac{3}{7}$，$\frac{3}{11}$，$\frac{5}{7}$，$\frac{5}{11}$，$\frac{7}{11}$の10通りある。

(2) 3， 5， 7， 9の4個の数字から2個を選ぶ方法は，4×3÷2=6(通り)あり，それぞれ選んだ2個の数字のうち大きいほうを分母にすれば1より小さい分数ができる。よって，1より小さい分数は6通りできる。

※$\frac{7}{9}$，$\frac{5}{9}$，$\frac{3}{9}$，$\frac{5}{7}$，$\frac{3}{7}$，$\frac{3}{5}$の6通りである。

(3) 4けたの整数は，1000，1001，1010，1100，1011，1101，1110，1111の8個できる。

(4) 最小が，[1]+[2]+[3]= 6，最大が，[3]+[4]+[5]= 12であるから，6， 7， 8， 9，10，11，12の7通りできる。

(5) 一番小さくなるのは，0+1+2+3+4=10で，一番大きくなるのは，9+8+7+6+5=35である。

(6) 3の倍数の各位の数の和は3で割りきれる。ここで，和が3で割りきれるような3つの数の組は，(1， 2， 3)，(1， 3， 5)，(2， 3， 4)，(3， 4， 5)の4組ある。また，(1， 2， 3)の3個の数を並べてできる3けたの整数は，3×2×1=6(個)でき，それらの数はすべて3の倍数になる。したがって，他の組についても同様のことがいえるから，3けたの整数で，3の倍数になるものは全部で，6×4=24(個)できる。

(7) 15の倍数は，5でも3でも割りきれる整数である。まず，このようにしてできる3けたの整数が5で割りきれることから，一の位の数字は0ときまる。さらに，3で割りきれることから，百の位と十の位の数字の和は3で割りきれなければならない。これにあてはまる整数は，120，210，240，420の4個ある。

(8) 3枚のカードの数字の和が6になるのは，(1， 2， 3)の1通り。和が9になるのは，(1， 2， 6)，(1， 3， 5)，(2， 3， 4)の3通り。和が12になるのは，(1， 5， 6)，(2， 4， 6)，(3， 4， 5)の3通り。和が15になるのは，(4， 5， 6)の1通り。よって，3枚のカードの数字の和が3の倍数になるのは全部で，1+3+3+1=8(通り)ある。

(9) この3けたの整数はカードの取り出す順番に左右されない([2][3][4]と取り出しても，[4][2][3]と取り出しても，中大小の順に342ときまる)ので，5枚から3枚を同時に取り出すと考え，$\frac{5\times4\times3}{3\times2\times1}$=10(通り)とすることができる。

(10) カードの数字と並べる順番とが一致しているカードの選び方は(5枚から2枚を選ぶ方法の数で)，5×4÷(2×1)=10(通り)ある。その2枚が[1]と[2]だとすると，残り3枚のカードの並べ方は[4][5][3]，[5][3][4]の2通りである。他の場合も同様に2通りずつと考えられるから，求める並べ方は，10×2=20(通り)になる。

68 場合の数③

こたえ (1) 24通り (2) (16，11， 9)，(16，11， 7)，(11， 9， 7)，(11， 9， 3)，(9， 7， 3) (3) 7通り (4) 12通り (5) 3通り (6) 16枚 (7) 9通り (8) 21通り (9) 29通り (10) 10通り

くわしい解き方 (1) 父と母はいつも向かい合って席に着くのだから，こども4人の座り方を考えればよい。したがって，4×3×2×1=24(通り)ある。

(2) 三角形において，もっとも長い辺の長さは他の2辺の長さの和よりも短い。したがって，もっとも長い辺が16cmのとき，他の2辺は，(11cm， 9 cm)，(11 cm， 7 cm)，もっとも長い辺が11cmのとき，他の2辺

は，（9 cm，7 cm），（9 cm，3 cm），もっも長い辺が9 cmのとき，他の2辺は，（7 cm，3 cm）になる。これをまとめると，（16，11，9），（16，11，7），（11，9，7），（11，9，3），（9，7，3）となる。

(3) 単位(cm)を省略して，もっとも長い辺を基準にして場合分けして考えると，もっとも長い辺が9のとき考えられる三角形の3辺の長さは（9，8，7）で，もっとも長い辺が15のときは，（15，9，8），（15，9，7），（<u>15，8，7</u>）で，もっとも長い辺が16のときは，（16，15，9），（16，15，8），（16，15，7），（16，9，8），（<u>16，9，7</u>），（<u>16，8，7</u>）である。ここで注意しなければいけないのは，上の——線部は短い2辺の長さの和がもっとも長い辺の長さ以下になっているので，三角形にならない点である。したがって，できる三角形は7通りである。

(4) 3種類のアイスクリームの中から5個買うとき，500円以内で買える買い方は下の表に示した12通り。

50円	5	4	4	3	3	3	2	2	2	1	1	0
100円	0	1	0	2	1	0	3	2	1	4	3	5
150円	0	0	1	0	1	2	0	1	2	0	1	0
代金	250	300	350	350	400	450	400	450	500	450	500	500

(5) 20円の鉛筆と30円の消しゴムを買って，ちょうど200円となるような買い方は右の表に示した3通りある。

鉛筆	1	4	7
消しゴム	6	4	2

(6) 金額の大きい硬貨（こうか）の枚数をなるべく多くすれば硬貨の枚数は少なくてすむので，500円玉を1枚，100円玉を4枚，50円玉を1枚，10円玉を4枚，5円玉を1枚，1円玉を5枚用いて1000円にすればよい。したがって硬貨の合計枚数は，$1+4+1+4+1+5=16$（枚）となる。

(7) 10円，5円，1円の硬貨を使って22円支払うときの支払い方は，右上の表に示した9通りである。

10円	2	1	1	1	0	0	0	0	0
5円	0	0	1	2	0	1	2	3	4
1円	2	12	7	2	22	17	12	7	2

(8) 取り出した硬貨が異なる場合は，取り出した2個の合計金額が同じになることはない

できる金額(単位＝円)
6，11，51，101，501，15，55，105，505，60，110，510，150，550，600
2，10，20，100，200，1000　以上21通り

から，$6\times5\div2=15$（通り）できる。また，取り出した硬貨が同じ種類のときは6通りなので，合計21通りの金額ができる。

(9) 100円玉を使わない場合は，500円，1000円，1500円，…，4500円と，500円きざみで9通りの金額が払える。これらに100円玉を1個ずつつけ加えると，600円，1100円，1600円，…，4600円の9通りの金額が払え，100円玉を2個ずつつけ加えると，700円，1200円，1700円，…，4700円の9通りの金額が払える。これ以外に払える金額は，100円と200円の2通りだけである。以上より，全部で，$9\times3+2=29$（通り）あることがわかる。

(10) 6個のおはじきを2つ以上のかたまりに分けるとき，かたまりの分け方は上に示した10通りである。

（5，1）　（3，1，1，1）
（4，2）　（2，2，2）
（4，1，1）（2，2，1，1）
（3，3）　（2，1，1，1，1）
（3，2，1）（1，1，1，1，1，1）

69 場合の数④

こたえ **(1)** 90通り **(2)** 9通り **(3)** 20通り **(4)** 12通り **(5)** 24通り **(6)** 24通り **(7)** 10通り **(8)** 24通り **(9)** 36通り **(10)** 4通り

くわしい解き方 **(1)** 10人の中から部長1名を決める方法は10通りであり，残りの9人の中から副部長1名の決め方は9通りある。したがって，10人の中から部長1名，副部長1名の決め方は全部で，$10\times9=90$（通り）ある。

(2) まず甲だけが勝つ場合を考えると，右の表のように3通りある。乙，丙が勝つ場合も同じように3通りずつあるので，全部で，$3\times3=9$（通り）あることになる。

甲	グー	チョキ	パー
乙	チョキ	パー	グー
丙	チョキ	パー	グー

(3) 子どもをA，B，C，D，E，Fとして，樹形図を書いて調べると，下の20通りの選び方がある。

A−B＜C，D，E，F　A−C＜D，E，F　A−D＜E，F　A−E−F　B−C＜D，E，F

B−D＜E，F　B−E−F　C−D＜E，F　C−E−F　D−E−F

(4) 男子２人をA，B，女子３人をa，b，cとすると，第１，第５走者の決め方は，2×1＝2(通り)，第２，３，４走者の決め方は，3×2×1＝6(通り)となるから，全部で，2×6＝12(通り)の決め方があることになる(下の樹形図を参照のこと)。

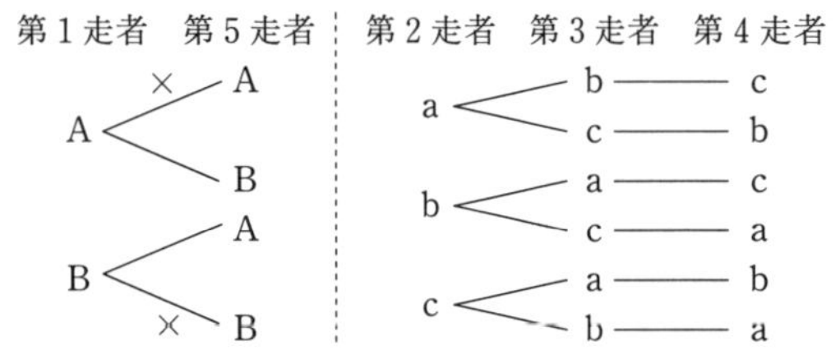

(5) A君は３番目と決まっているから，残りの４人について考える。１番目の決め方は，B君，C君，D君，E君の４通り，２番目は１番目をのぞく３通り，４番目は１番目，２番目をのぞく２通り，５番目は残りの１通りとなるから，全部で，4×3×2×1＝24(通り)ある。

(6) 第１走者の決め方は４通り，第２走者は第１走者をのぞく３通り，第３走者はその前の２人をのぞく２通り，第４走者は残った１人の１通りの決め方があるので，順番の決め方は全部で，4×3×2×1＝24(通り)ある。

(7) 赤と組み合わせる場合を考えると，(赤，緑)，(赤，白)，(赤，黄)，(赤，黒)の４通りある。緑，白，黄，黒についてもそれぞれ４通りずつあるが，いずれも２回ずつ数えているから，組み合わせは全部で，4×5÷2＝10(通り)ある。

(8) 左端をBとすると，残りの３冊の並べ方は，3×2×1＝6(通り)であり，左端をC，D，Eとしたときもそれぞれ６通りずつある。よって，Aが左端から２番目にくるような並べ方は全部で，6×4＝24(通り)ある。

(9) 男の子をA，B，C，女の子をア，イとして考える。まず，男の子３人(A，B，C)の並べ方は，3×2×1＝6(通り)ある。次に女の子２人(ア，イ)の並べ方は，男の子がA，B，Cと並んでいるときを例にして考えると，両端のA，Cはのぞいて，B，ア，イの３人の並べ方を考えればよく，この３人の並べ方は，3×2×1＝6(通り)ある。したがって，男の子３人の並べ方に対して，それぞれ６通りの女の子の並べ方があるので，並べ方は全部で，6×6＝36(通り)あることになる。

(10) 中の部屋にCとDの２人が入るとき，

大	ABE	ABF	CDE	CDF
中	CD	CD	AB	AB
小	F	E	F	E

大の部屋にはAとBの２人とEかFの２通りの入り方ができ，残った人が小の部屋に入る。同様に，中の部屋にAとBの２人が入るときも２通りの部屋割りができる。よって，このときの部屋割りの仕方は上の表に示した４通りある。

70　速　さ①

こたえ　**(1)** 79.2km　**(2)** 450cm　**(3)** 46km　**(4)** 800km　**(5)** 12km　**(6)** 0.5分　**(7)** 2時間20分39秒　**(8)** 56km　**(9)** 40分　**(10)** 50km

くわしい解き方　**(1)** １時間は，60×60＝3600(秒)であるから，秒速22mは，時速，22×3600÷1000＝79.2(km)になる。

(2) 16.2km＝16200m，16200÷(60×60)＝4.5より，時速16.2km＝秒速4.5m(＝450cm)

(3) 15分＝$\frac{1}{4}$時間であるから，１時間あたりに進む道のり(時速)は，11.5÷$\frac{1}{4}$＝46(km)である。

(4) 1000kmを$1\frac{1}{4}$時間で飛ぶジェット機の時速は，1000÷$1\frac{1}{4}$＝1000×$\frac{4}{5}$＝800(km)と求められる。

(5) 2時間40分＝$2\frac{40}{60}$＝$2\frac{2}{3}$(時間)だから，時速は，32÷$2\frac{2}{3}$＝32×$\frac{3}{8}$＝12(km)である。

(6) 48÷60＝0.8より，時速48km＝分速0.8kmであるから，この速さで400m＝0.4kmを走るのにかかる時間は，0.4÷0.8＝0.5(分)である。

(7) 42.195km，つまり，42195mを秒速５mで走ると，42195÷5＝8439(秒)＝7200秒＋1200秒＋39秒＝２時間20分39秒かかることになる。

(8) 時速60kmで２時間20分＝$2\frac{1}{3}$時間進むと，60×$2\frac{1}{3}$＝60×$\frac{7}{3}$＝$\frac{60\times7}{3}$＝140(km)進むことになり，この距離を２時間30分＝$2\frac{1}{2}$時間で進むときの時速は，140÷$2\frac{1}{2}$＝140÷$\frac{5}{2}$＝140×$\frac{2}{5}$＝$\frac{140\times2}{5}$＝56(km)である。

(9) 道のりは，8×$\frac{18}{60}$＝2.4(km)で，2.4km＝2400mなので，毎分60mで歩くと，2400÷60＝40(分)かかる。

(10) 500mを36秒ですべるのだから，分速は，$500\div\frac{36}{60}=500\times\frac{5}{3}=\frac{2500}{3}$(m)である。したがって，時速は，$\frac{2500}{3}\times60=50000$(m)より，$50000\div1000=50$(km)になる。

71 速　さ②

こたえ (1) $\frac{a\times b}{60}$ (2) 100m (3) 2時間36分15秒 (4) 11.25km (5) $11\frac{1}{9}$m (6) 120m (7) 4m (8) 20m (9) 80m (10) 18度

くわしい解き方 (1) 道のりは，(速さ)×(時間)で表されるので，$a\times\frac{b}{60}=\frac{a\times b}{60}$となる。

(2) この電車の速さは毎秒，$60\times1000\div60\div60=16\frac{2}{3}$(m)であるから，電柱と電柱の間の距離は，$16\frac{2}{3}\times6=100$(m)である。

(3) 10km＝10000mだから，$10000\div64=156\frac{1}{4}$(分)かかる。$\frac{1}{4}$分＝15秒より，2時間36分15秒かかることになる。

(4) 0.7時間＝0.7×60＝42分より，250×42＝10500(m)走る。また，4.5km＝4500mより，$4500\times\frac{10}{60}=750$(m)歩く。したがって，10500＋750＝11250(m)＝11.25(km)進む。

(5) 兄さんが100m走る間にAさんは，100－10＝90(m)走るから，Aさんが100m走る間に兄さんは，$100\times\frac{100}{90}=111\frac{1}{9}$(m)走る。よって，2人が同時にゴールへ着くには兄さんのスタート位置を，$111\frac{1}{9}-100=11\frac{1}{9}$(m)うしろへ下げればよい。

(6) 列車がある地点を通過するには列車の長さのぶんの距離を，また，960mの鉄橋をわたるには鉄橋と列車の長さをたしたぶんの距離を移動しなくてはならない。このことより，45－5＝40(秒)かけて960mの距離を進むことになるから，この列車の秒速は，960÷40＝24(m)となり，列車の長さは，24×5＝120(m)と求められる。

(7) 秒速は，(800×6)÷(20×60)＝4800÷1200＝4(m)になる。

(8) 列車が，340＋120＝460(m)走るのにかかる時間と，340＋80＝420(m)走るのにかかる時間の差が2秒であるから，この列車は，460－420＝40(m)走るのに2秒かかることになる。よって，この列車の速さは毎秒，40÷2＝20(m)である。

(9) 太郎君と次郎君が1120mはなれたところから向かい合って進むと8分後に出会うから，2人の速さの和は毎分，1120÷8＝140(m)である。よって，次郎君の速さが毎分60mであるから，太郎君の速さは毎分，140－60＝80(m)である。

(10) このかんらん車は40秒間に，360÷30＝12(度)回転する。よって，1分間では，12÷40×60＝18(度)回転する。

72 速　さ③

こたえ (1) 4.8km (2) $5\frac{1}{3}$km (3) 15km (4) 14.4km (5) 4.8km (6) 48km (7) 24km (8) 4.8km (9) 4.8km (10) 19.2km

くわしい解き方 (1) 行きにかかる時間は，$1.5\div6=\frac{1.5}{6}=\frac{3}{12}=\frac{1}{4}$(時間)，帰りにかかる時間は，$1.5\div4=\frac{1.5}{4}=\frac{3}{8}$(時間)。よって，往復の道のりは，1.5×2＝3(km)で，往復にかかる時間は，$\frac{1}{4}+\frac{3}{8}=\frac{2}{8}+\frac{3}{8}=\frac{5}{8}$(時間)であるから，平均の速さは毎時，$3\div\frac{5}{8}=3\times\frac{8}{5}=\frac{24}{5}=4.8$(km)である。

(2) 行きは，4÷4＝1(時間)，帰りは，$4\div8=\frac{1}{2}$(時間)かかる。往復の道のりは，4×2＝8(km)で，往復にかかる時間は，$1+\frac{1}{2}=\frac{3}{2}$(時間)であるから，往復の平均の速さは時速，$8\div\frac{3}{2}=\frac{16}{3}=5\frac{1}{3}$(km)である。

(3) 2地点間の距離を1とすると，行きにかかった時間は，$1\div10=\frac{1}{10}$であり，往復に要した時間は，$1\times2\div12=\frac{1}{6}$であるから，帰りにかかった時間は，$\frac{1}{6}-\frac{1}{10}=\frac{5}{30}-\frac{3}{30}=\frac{1}{15}$となる。よって，帰りの速さは時速，$1\div\frac{1}{15}=15$(km)である。

(4) 行きと帰りの速さの比が，18：12＝3：2なので，かかった時間の比は2：3になる。ここで，行きにかかった時間を②とすると，平均の速さは，毎時，(18×②＋12×③)÷(②＋③)＝⑰÷⑤＝14.4(km)となる。

(5) AB間の距離を1とすると，行きと帰りにかかる時間はそれぞれ$\frac{1}{6}$，$\frac{1}{4}$であるから，往復に要した時間は，$\frac{1}{6}+\frac{1}{4}=\frac{2}{12}+\frac{3}{12}=\frac{5}{12}$となる。よって，往復の距離は2であるから，往復の平均の速さは，$2\div\frac{5}{12}=2\times\frac{12}{5}=\frac{24}{5}=4.8$より，毎時4.8kmとなる。

(6) 行きと帰りの速さの比が，40：60＝2：3なので，かかった時間の比は，3：2になる。ここで，行きにかかった時間を③とすると，平均の速さは，毎時，(40×③＋60×②)÷(③＋②)＝(240)÷⑤＝48(km)となる。

(7) A町とB町の距離は示されていないので，計算しやすくするためにA町とB町の距離を30と20の最小公倍数60kmときめて解いていく。A町とB町の往復の距離，60×2＝120(km)を，行きは，60÷30＝2(時間)，帰りは，60÷20＝3(時間)かけて進むことになるので，平均の速さは毎時，120÷(2＋3)＝24(km)となる。

(8) 片道，$6\times\frac{40}{60}=4$(km)の道のりを，帰りは，4÷4＝1(時間)かかっている。したがって，往復の平均の時速は，$4\times2\div\left(\frac{2}{3}+1\right)=8\div\frac{5}{3}=8\times\frac{3}{5}=4.8$(km) である。

(9) 行きの速さは帰りの速さの1.5倍で，時速6kmだから，帰りの速さは，6÷1.5＝4(km)である。よって，行きと帰りにかかった時間はそれぞれ，12÷6＝2(時間)，12÷4＝3(時間)であるから，往復，12×2＝24(km)を，2＋3＝5(時間)で歩いたことになる。よって，平均の速さは，24÷5＝4.8より，時速4.8kmになる。

(10) 分速200mを時速になおすと，200×60÷1000＝12(km)になる。2点間の道のりを1とすると，行きにかかった時間は，$1\div48=\frac{1}{48}$(時間)，帰りにかかった時間は，$1\div12=\frac{1}{12}$(時間)であるから，往復にかかった平均の速さは，$1\times2\div\left(\frac{1}{48}+\frac{1}{12}\right)=2\div\frac{5}{48}=2\times\frac{48}{5}=19.2$(km)である。

73 速　さ④

こたえ (1) 0.44秒　(2) 78秒　(3) 8.00m　(4) 232.1km　(5) 54分　(6) 46時間40分　(7) 225歩　(8) 4km　(9) 4.5km　(10) 1.2倍

くわしい解き方 (1) 時速150km＝分速2.5kmであり，$2500\div60=\frac{125}{3}$より，秒速$\frac{125}{3}$mである。よって，球が捕手にとどくまでの時間は，$18.44\div\frac{125}{3}=18.44\times3\div125=0.44256$より，約0.44秒である。

(2) 列車Aと列車Cの速さの差は，毎秒，(210＋140)÷14＝25(m)，列車Bと列車Cの速さの差は，毎秒，(180＋140)÷16＝20(m)なので，列車Aは列車Bより，毎秒，25－20＝5(m)速いことがわかる。したがって，列車Aが列車Bに追いついてから追いぬくまでに，(210＋180)÷5＝78(秒)かかることになる。

(3) 1位の選手がゴールしたとき，3位の選手はゴールまであと，45.52－44.61＝0.91(秒)の位置にいる。ここで，3位の選手は45.52秒で400m走るから，1秒間には$\frac{400}{45.52}$m走り，したがって，0.91秒間では，$0.91\times\frac{400}{45.52}=0.91\times400\div45.52=7.996\cdots$(m)となる。よって，小数第3位を四捨五入すると，ゴールまであと8.00mである(小数点以下の.00をとらないこと)。

(4) 「のぞみ6号」は1175.9kmを，12時24分－7時20分＝5時間4分＝$5\frac{4}{60}$時間で走るから，$1175.9\div5\frac{4}{60}=\frac{11759}{10}\times\frac{60}{304}=\frac{35277}{152}=35277\div152=232.08\cdots$ より，「のぞみ6号」の時速は232.1kmである。

(5) 電車に乗ったのは36kmで全体の$\frac{4}{7}$であるから，全体の距離は，$36\div\frac{4}{7}=36\times\frac{7}{4}=63$(km)である。よって，バスに乗ったのは，63－36＝27(km)で，バスの時速は30kmであるから，バスに乗っていた時間は，27÷30＝0.9(時間)より，0.9×60＝54(分)となる。

(6) $1ml=1cm^3$，$1l=1000cm^3$だから，$24\frac{1}{2}l=24500cm^3$はいる水そうに毎分$8\frac{3}{4}ml$ずつ入れると，$24500\div8\frac{3}{4}=24500\times\frac{4}{35}=2800$(分)，2800÷60＝46あまり40より，46時間40分でいっぱいになる。

(7) お父さんが，72×3＝216(cm)歩く間にあきら君は，46×4＝184(cm)歩くから，お父さんが3歩歩く間に2人の距離は，216－184＝32(cm)ずつ小さくなる。よって，2400÷32＝75より，お父さんは，3×75＝225(歩)歩いたところであきら君に追いつく。

(8) $\frac{1}{3}$進んだところからそのままの速さで歩けば，残りの道のりは，$4.5\times\frac{2}{3}=3$(km)だから，3÷6＝0.5(時間)＝30(分)かかる。ところが，途中で5分間休み，予定より20分おくれて着いたから，残りの道のりを，30＋(20－5)＝45(分)で歩いたことがわかる。よって，休んだあとの速さは，45分＝$\frac{3}{4}$時間より，時速，$3\div\frac{3}{4}$

$=3\times\frac{4}{3}=4$(km)とわかる。

(9) 太郎君は行きに，2.4÷6＝0.4(時間)，帰りに，2.4÷4＝0.6(時間)かかるから，往復に，0.4＋0.6＝1(時間)かかる。よって，和子さんは一定の速さで往復し，太郎君よりも4分多い，1時間4分$=1\frac{4}{60}=1\frac{1}{15}$時間で，2.4×2＝4.8(km)の距離を歩いたことになるから，和子さんの速さは，$4.8\div1\frac{1}{15}=\frac{24}{5}\times\frac{15}{16}=\frac{9}{2}=4.5$より，毎時4.5kmである。

(10) 同じ距離を走るときの速さと時間は反比例する。すなわち，行きの速さ，かかった時間を1とすると，片道の道のりは，1×1＝1であるから，帰りの速さを$\frac{3}{2}$にすると帰りにかかる時間は，$1\div\frac{3}{2}=\frac{2}{3}$となる。よって，1回目は往復2の道のりを，$1+\frac{2}{3}=\frac{5}{3}$の時間で往復したことになる。したがって，2回目にかかった時間は$\frac{5}{3}$であるから，2回目の速さは，$2\div\frac{5}{3}=2\times\frac{3}{5}=\frac{6}{5}$となり，1回目の行きの速さの，$\frac{6}{5}=1.2$(倍)となる。

74 食塩水の濃度①

こたえ (1) 5％ (2) 120g (3) 696g (4) 100g (5) 20g (6) 9％ (7) 4.8％ (8) 6.4％ (9) 160g (10) 9.5％，6.5％

くわしい解き方 (1) 水380gに20gの食塩をとかすと，$\frac{20}{380+20}\times100=\frac{20}{400}\times100=5$(％)の食塩水ができる。

(2) 食塩水の重さの8％が9.6gだから，食塩水の重さは，9.6÷0.08＝120(g)になる。

(3) この食塩水にふくまれる食塩は，800×0.13＝104(g)だから，水は，800－104＝696(g)である。

(4) 15％の食塩水200gには，200×0.15＝30(g)の食塩がふくまれており，これに水を加えても食塩は30gのままである。この30gが10％にあたる食塩水全体の重さは，30÷0.1＝300(g)となり，水は，300－200＝100(g)加えたことになる。

(5) 10％の食塩水120gにふくまれる食塩は，120×0.1＝12(g)である。この12gの食塩を使って12％の食塩水をつくると，全体の重さは，12÷0.12＝100(g)でよい。よって，蒸発させた水の量は，120－100＝20(g)とわかる。

(6) 5％の食塩水600gと濃度の不明な食塩水1.8kg＝1800gを混ぜたら8％になったのだから，混ぜた食塩水にふくまれる食塩は，(600＋1800)×0.08＝192(g)である。また，5％600gの食塩水にふくまれる食塩は，600×0.05＝30(g)だから，食塩水1800gにふくまれる食塩は，192－30＝162(g)である。したがって，その濃度は，162÷1800×100＝9(％)である。

(7) 10％の食塩水200gには，200×0.1＝20(g)の食塩がふくまれており，これに水を入れて8％にすると，食塩水全体の重さは，20÷0.08＝250(g)になる。ここから$\frac{2}{5}$の食塩水を取り出すと，残りの，$1-\frac{2}{5}=\frac{3}{5}$には，$20\times\frac{3}{5}=12$(g)の食塩が残ることになる。取り出したあと，同じ重さの水を入れても食塩水全体の重さは変わらないから，その濃度は，12÷250×100＝4.8(％)になる。

(8) 420gの水に食塩80gをとかした食塩水の重さは，420＋80＝500(g)であるから，この中から300gをくみ出すと，残った食塩水200gにふくまれる食塩の重さは，$80\times\frac{200}{500}=32$(g)である。よって，これに300gの水を加えてつくった食塩水の濃度は，$\frac{32}{500}\times100=6.4$(％)になる。

(9) 水を加えたあとにできる食塩水800gにふくまれる食塩は，800×0.08＝64(g)であるから，水を加える前の食塩水は，64÷0.1＝640(g)である。よって，加えた水の重さ(捨てた食塩水の重さ)は，800－640＝160(g)である。

(10) 混ぜたあとのAにふくまれる食塩は，(400＋600)×0.05＝50(g)であるが，Aに加えた食塩水にふくまれる食塩は，600×0.02＝12(g)だから，はじめのAの食塩水には，50－12＝38(g)の食塩がふくまれる。よって，はじめの食塩水の濃度は，$\frac{38}{400}\times100=9.5$(％)である。また，混ぜたあとのBの食塩水には，600×0.095＋400×0.02＝57＋8＝65(g)の食塩がふくまれるから，Bの食塩水の濃度は，$\frac{65}{600+400}\times100=\frac{65}{1000}\times100=6.5$(％)になる。

75 食塩水の濃度②

こたえ (1) 5.5％ (2) 19％ (3) 45g (4) 150g

(5) 100g，3.5％ (6) 14％ (7) 300g (8) 4.5％
(9) 75g (10) 3.2g

くわしい解き方 (1) 3つの食塩水にふくまれる食塩の重さは，180×0.03＋140×0.05＋80×0.12＝22(g)であるから，3つの食塩水を混ぜ合わせると，22÷(180＋140＋80)×100＝5.5(％)の食塩水になる。

(2) 容器Aから30％の食塩水を100g，容器Bから8％の食塩水を100gずつ取り出して混ぜると，ふくまれる食塩はそれぞれ，100×0.3＝30(g)，100×0.08＝8(g)であるから，混ぜ合わせた食塩水200gには，30＋8＝38(g)の食塩がふくまれる。よって，混ぜた食塩水の濃度は，$\frac{38}{200}$×100＝19(％)となる。

(3) 最後にできた2％の食塩水の中に入っている食塩の重さは，1＋4＝5(g)であるから，2％の食塩水の重さは，5÷0.02＝250(g)になる。食塩水の重さは食塩の重さと水の重さの和であることに注意して，加えた水の重さは，250－(100＋1＋100＋4)＝45(g)とわかる。

(4) 10％の食塩水450gに入っている食塩の重さは，450×0.1＝45(g)で，これが7.5％にあたるから，食塩水は，45÷0.075＝600(g)ある。したがって，入れた水は，600－450＝150(g)である。

(5) 4％の食塩水300gにふくまれる食塩の重さは，300×0.04＝12(g)であるから，この食塩で3％の食塩水をつくると，その全体の重さは，12÷0.03＝400(g)である。よって，加えるはずだった水の重さは，400－300＝100(g)である。また，2％の食塩水100gにふくまれる食塩の重さは，100×0.02＝2(g)であるから，できた食塩水の濃度は，(12＋2)÷400×100＝3.5(％)である。

(6) 10％と20％の食塩水を3：2で混ぜ合わせるから，10％の食塩水300gと20％の食塩水200gを混ぜるものと考えてよい(もちろん，3gと2g，15gと10gなどいろいろな混ぜ方がある)。それぞれにふくまれる食塩の重さは，300×0.1＝30(g)，200×0.2＝40(g)で，新しくできた食塩水全体の重さは，300＋200＝500(g)であるから，その濃度は，(30＋40)÷500×100＝14(％)となる。

(7) 5％，10％，15％の食塩水を1：2：3の比でつくるときに使われる食塩の重さの比は，1×0.05：2×0.1：3×0.15＝1：4：9になる。したがって，15％の食塩水をつくるのに，70×$\frac{9}{1+4+9}$＝45(g)の食塩を使うことになるので，この食塩水の重さは，45÷0.15＝300(g)である。

(8) 新しくできた食塩水には食塩が，400×0.031＝12.4(g)ふくまれている。また，3.4％の食塩水100gには，100×0.034＝3.4(g)の食塩がふくまれている。したがって，濃度の不明な食塩水200gには，12.4－3.4＝9(g)の食塩がふくまれているから，その濃度は，9÷200×100＝4.5(％)である。

(9) 5％の食塩水250gにふくまれる食塩の重さは，250×0.05＝12.5(g)で，10％の食塩水300gにふくまれる食塩は，300×0.1＝30(g)である。したがって，新しくつくる食塩水には，12.5＋30＝42.5(g)の食塩がふくまれることになる。これが全体の6.8％にあたるわけだから，食塩水全体の重さは，42.5÷0.068＝625(g)となり，加えた水は，625－(250＋300)＝75(g)となる。

(10) 6.4％の食塩水10gには，10×$\frac{6.4}{100}$＝0.64(g)，8％の食塩水10gには，10×$\frac{8}{100}$＝0.8(g)の食塩がそれぞれふくまれる。また，8％の食塩水のかわりに3％の食塩水を使うと，食塩の重さは食塩水1gにつき，0.08－0.03＝0.05(g)少なくなる。よって，使った3％の食塩水の重さは，(0.8－0.64)÷0.05＝0.16÷0.05＝3.2(g)とわかる。

76 割　合①

こたえ (1) 720円 (2) 16％ (3) 55％ (4) 750円
(5) 8200円 (6) 50円 (7) 3000g (8) 20％ (9) 120人 (10) 12％

くわしい解き方 (1) 900円の2割引きだから，900×(1－0.2)＝900×0.8＝720(円)になる。

(2) 125－105＝20(円)が125円の何％にあたるかを求めればよい。20÷125×100＝16(％)引きである。

(3) 110÷200×100＝55(％)である。

(4) □円の(1＋0.24)倍が930円であるから，□＝930

÷(1+0.24)=750(円)となる。

(5) 1230÷0.15=8200(円)

(6) 160×0.25=40(円)が□円の8割にあたるから，□=40÷0.8=50(円)である。

(7) 4kg=4000gより，4000×0.45=1800(g)が□gの6割にあたるから，□=1800÷0.6=3000(g)である。

(8) 600÷3000×100=20(%)である。

(9) □人の1.4倍が168人であるから，□=168÷1.4=120(人)である。

(10) 120gで200円の品物は600gで1000円，150gで280円の品物は600gで1120円と，重さを同じにして考えると，1120÷1000=1.12，1.12−1=0.12より，12%値上げされたことがわかる。

77 割　　合②

こたえ (1) 1872 (2) $1\frac{19}{35}$倍 (3) 200 (4) 2.5倍 (5) 3時間27分 (6) 28時間20分 (7) 325l (8) 42kg (9) 216m² (10) 180cm

くわしい解き方 (1) 156の3割は，156×0.3=46.8なので，これが2.5%にあたる数は，46.8÷0.025=1872である。

(2) $1\frac{4}{5}$の80%は，$1\frac{4}{5}\times0.8=\frac{9}{5}\times\frac{4}{5}=\frac{36}{25}$である。また，$\frac{2}{3}$の14割は，$\frac{2}{3}\times1.4=\frac{2}{3}\times\frac{7}{5}=\frac{14}{15}$である。よって，$\frac{36}{25}$は$\frac{14}{15}$の，$\frac{36}{25}\div\frac{14}{15}=\frac{36}{25}\times\frac{15}{14}=\frac{54}{35}=1\frac{19}{35}$(倍)である。

(3) 180の25%に15を加えた数は，180×0.25+15=$180\times\frac{1}{4}+15=45+15=60$であり，60÷0.3=200より，この数は200の3割にあたる。

(4) Aの3倍がBの2倍に等しいとき，$A:B=2:3$であるから，AとBの和はAの，(2+3)÷2=2.5(倍)となる。

(5) 4時間36分=4×60+36=276(分)より，4時間36分の75%は，$276\times0.75=276\times\frac{3}{4}=207$(分)=3時間27分である。

(6) 12時間45分=$12\frac{45}{60}$時間=$12\frac{3}{4}$時間より，□時間□分の45%が12時間45分のとき，□時間□分=$12\frac{3}{4}$時間÷0.45=$\frac{51}{4}$時間×$\frac{100}{45}$=$\frac{85}{3}$時間=$28\frac{1}{3}$時間=28時間20分である。

(7) 26÷0.08=325(l)である。

(8) 1t=1000kgであるから，0.35t=350kgとなり，求める答えは，350×0.12=42(kg)になる。

(9) 180×0.24=43.2(m²)が□m²の$\frac{1}{5}$にあたるのだから，□=$43.2\div\frac{1}{5}$=43.2×5=216(m²)である。

(10) 等しい長さを1とすると，A，Bのひもの長さはそれぞれ，$1\div\frac{1}{8}=8$，$1\div\frac{1}{5}=5$にあたる。このことから，AとBの長さの差の108cmは，8−5=3にあたる。したがって，Bのひもの長さは，108÷3×5=180(cm)である。

78 割　　合③

こたえ (1) 1520円 (2) 50000円 (3) 3000円 (4) 1600円 (5) 1375円 (6) 12% (7) 120円 (8) 4200円 (9) 4% (10) 8%

くわしい解き方 (1) 570×1.2=684(円)が□円の4割5分にあたるから，□=684÷0.45=1520(円)である。

(2) 商品の価格を1とおいて考える。2年続けて10%ずつ値下げすると，値下げ後の価格は，1×(1−0.1)×(1−0.1)=0.81になる。実際の値下げ後の価格は40500円で，これが商品の価格の0.81にあたるから，この商品の価格(1あたり)は，40500÷0.81=50000(円)である。

(3) 3200円の15%は，3200×0.15=$3200\times\frac{3}{20}$=480(円)になる。よって，□円の1割6分が480円だから，□×0.16=480より，□=480÷0.16=3000(円)である。

(4) 1360÷(1−0.15)=1360÷0.85=1600(円)

(5) 仕入れ値1000円の品物を1割の利益があるように売るには，1000×(1+0.1)=1100(円)で売らなければならない。これが定価の2割引き，つまり，1−0.2=0.8(倍)にあたるので，定価は，1100÷0.8=1375(円)にすればよいことになる。

(6) 仕入れ値を1とすると定価は1.4になる。定価の2割引きは，1.4×(1−0.2)=1.12になるから，利益は，1.12−1=0.12より，0.12×100=12(%)と求められる。

(7)　この品物の原価を1とすると，4割の利益をみこんだ定価は，1×(1＋0.4)＝1.4になり，定価の半額は，1.4÷2＝0.7となる。よって，1－0.7＝0.3が36円にあたるから，この品物の原価は，36÷0.3＝120(円)と求められる。

(8)　原価を1とすると定価は1.2になる。定価の1割5分引きは，1.2×(1－0.15)＝1.02で，利益が70円あったのだから，1.02－1＝0.02が70円にあたる。したがって，原価は，70÷0.02＝3500(円)で，定価は，3500×1.2＝4200(円)である。

(9)　この品物の原価を1とすると，定価は，1＋0.3＝1.3で，売り値は定価の2割引きであるから，1.3×(1－0.2)＝1.04となり，そのときの利益は，1.04－1＝0.04となる。よって，利益の割合は，0.04÷1＝0.04より，4％である。

(10)　この商品の原価を1とすると，35％の利益をみこんだから定価は，1＋0.35＝1.35であり，この2割引きで売るから，売った値段は，1.35×(1－0.2)＝1.08となる。よって，実際の利益は0.08であるから，原価の8％になる。

79　割　合④

こたえ　(1)　6割9分　(2)　65％　(3)　23％　(4)　44％　(5)　25％　(6)　6.14％　(7)　$1\frac{1}{5}$倍　(8)　128cm　(9)　16m　(10)　2月14日9時

くわしい解き方　(1)　円周を30％大きくするためには，直径を1.3倍にしなければならない。直径が1.3倍になるとき，半径も1.3倍になるから，面積は，(1.3×1.3×3.14)÷(1×1×3.14)＝1.69倍になる。したがって，6割9分増加する。

(2)　円グラフで234度のおうぎ形の表す量は全体の，234÷360＝0.65，つまり65％にあたる。

(3)　360度で100％だから，82.8度では，82.8÷360×100＝23(％)である。

(4)　もとの正方形の1辺を1とすると，20％のばした1辺は1.2になるから，面積は，1.2×1.2＝1.44になる。よって，1.44－1×1＝0.44より，44％ふえる。

(5)　正方形のたての長さを2割のばし，横の長さを変えずに長方形をつくると，面積はもとの正方形の120％になる。横の長さを変えて面積を90％にするには，もとの長さの，90÷120×100＝75(％)にすればよいので，100－75＝25(％)短くすることになる。

(6)　もとの直方体の1辺を1とすると，5％減らしたときのたてと横の長さは，1－0.05＝0.95，4％ふやしたときの高さは，1＋0.04＝1.04になる。したがって，その体積は，1×1×1－0.95×0.95×1.04＝0.0614より，6.14％減少する。

(7)　底面積が，$\frac{2}{3}\times(1+0.25)=\frac{2}{3}\times\frac{5}{4}=\frac{5}{6}$(倍)になるので，高さは，$1\div\frac{5}{6}=1\frac{1}{5}$(倍)になる。

(8)　75％は$\frac{75}{100}=\frac{3}{4}$であるから，1回はねあがるごとに前の高さの$\frac{3}{4}$だけはねあがり，それを3回続けるとはねあがった高さが54cmになったので，最初に落としたときの高さは，$54\div\frac{3}{4}\div\frac{3}{4}\div\frac{3}{4}=128$(cm)である。

(9)　この針金80cmの重さは90gで，最初の針金の重さは，1.71kg＋90g＝1710＋90＝1800(g)である。よって，最初の針金の重さは切り取った針金の重さの，1800÷90＝20(倍)であるから，最初の針金の長さは切り取った針金の長さの20倍で，80×20＝1600(cm)＝16(m)となる。

(10)　1月1日の正午に5分51秒＝351秒進んでいるが，1日に8秒ずつ遅(おく)れていくから，$351\div8=43\frac{7}{8}$(日後)にこの時計は正しい時刻をさす。よって，$\frac{7}{8}$日＝$\frac{7}{8}\times24=21$時間であるから，この時計が正しい時刻を示すのは，1月1日12時＋43日21時間＝1月45日9時＝2月14日9時である。

80　割　合⑤

こたえ　(1)　1200人　(2)　240人　(3)　90人　(4)　380人　(5)　0.5l　(6)　120g　(7)　20％　(8)　2400円　(9)　34500円　(10)　44人以上

くわしい解き方　(1)　780人が65％にあたるから，投票できた人の数は，780÷0.65＝1200(人)である。

(2)　今年の生徒数は去年の人数の5％増しであるから，去年の人数の，1＋0.05＝1.05(倍)である。したがって，今年の人数が252名であるから，去年の生徒数は，252÷1.05＝240(人)となる。

(3) $\frac{1}{5}$が15人にあたるから，先月の欠席者数は，15÷$\frac{1}{5}$=75(人)である。よって，今月の欠席者数は，75+15=90(人)である。

(4) 昨年の人数を1とすると，今年の生徒数は昨年より5％ふえたから，1+0.05=1.05である。よって，1.05が399人にあたるから，昨年の生徒数は，399÷1.05=380(人)と求められる。

(5) 1時間に0.3lの割合で使うと20時間使えるから，灯油の量は，0.3×20=6(l)である。よって，6÷12=0.5より，1時間に0.5lの割合で使うと12時間でなくなる。

(6) このびんいっぱいに入る水の量を1とすると，$\frac{4}{5}-\frac{1}{3}=\frac{7}{15}$が，600−320=280(g)となるので，このびんいっぱいに入る水の量は，280÷$\frac{7}{15}$=600(g)となる。水$\frac{1}{3}$とびんの重さの和が320gであるから，このびんの重さは，320−600×$\frac{1}{3}$=120(g)である。

(7) 定価の1割引きは，5000+400=5400(円)，定価は，5400÷(1−0.1)=6000(円)なので，6000÷5000=1.2より，仕入れ値の20％の利益を見込んでいる。

(8) この品物の原価を1とすると，2割の利益をみこんだから定価は1.2であり，実際には定価の1割5分引きで売ったから，売った値段は，1.2×(1−0.15)=1.02である。よって，このときの利益は，1.02−1=0.02であり，これが40円にあたるから，この品物の原価は，40÷0.02=2000(円)である。したがって，この品物の定価は，2000×1.2=2400(円)となる。

(9) C君のお年玉の総額を①とおくと，A君のお年玉の総額は(1.5)，B君のお年玉の総額は(0.7)である。この割合を使うと，A君とC君の差額は(0.5)，A君とB君の差額は(0.8)となり，①あたりは，29900÷(0.5+0.8)=23000(円)とわかる。よって，A君のお年玉の総額は，23000×1.5=34500(円)である。

(10) 1人分の入場料を1とすると，50人の団体の入場料金は，1×50×(1−0.3)=35にあたる。50人未満の団体でこれと同じ料金なのは，人数が，35÷(1−0.2)=43.75(人)のときであるから，安くなるのは44人以上のときである。

81 総合問題①

こたえ (1) 840 (2) 140cm² (3) 199 (4) 15 (5) 7 (6) 15 (7) 20通り (8) 720m (9) 120g (10) 30%

くわしい解き方 (1) 10×9×8×7×6−9×8×7×6×5−8×7×6×5×5−7×7×6×5×4=720×7×6−360×7×6−200×7×6−140×7×6=(720−360−200−140)×7×6=20×7×6=840

(2) 長方形の縦と横の長さの和は，48÷2=24(cm)だから，縦の長さは，24×$\frac{5}{5+7}$=10(cm)，横の長さは，24−10=14(cm)になる。よって，長方形の面積は，10×14=140(cm²)である。

(3) 7で割ると3余る数は，3，10，17，…であり，13で割ると4余る数は，4，17，…だから，共通の最小の数は17とわかる。この後は7と13の最小公倍数の91ずつ増えるので，17+91=108，108+91=199，199+91=290，…より，200に最も近い数は199である。

(4) 求める数を□とすると，540×□=2×2×3×3×3×5×□=(2×3×3×5)×(2×3×□)より，□=3×5=15とわかる。

(5) 3を何個かかけると，3，3×3=9，9×3=27，27×3=81，81×3=243，…のように，一の位は(3，9，7，1)の4個の数字がくり返される。よって，19÷4=4余り3より，19個かけたときの一の位は，3個かけたときの一の位と同じ7となる。

(6) 17◎□=17×17−□×□=289−□×□=64より，□×□=289−64=225となる。よって，225=15×15だから，□=15と求められる。

(7) 3回の目がすべて異なり，小さい順に目が出れば条件にあてはまる。よって，6個の目から異なる3個の目が出る組み合わせは，$\frac{6\times5\times4}{3\times2\times1}$=20(通り)だから，条件にあてはまる目の出方も20通りとなる。

(8) 毎分120mと毎分80mの速さの比は，120:80=3:2だから，同じ道のりにかかる時間の比は2:3になる。この比の，3−2=1が3分にあたるので，毎分120mの速さでかかる時間は，3×2=6(分)となり，家から学校までは，120×6=720(m)とわかる。

(9)　8％の食塩水300ｇにふくまれる食塩の重さは，300×0.08＝24(ｇ)なので，食塩30ｇを加えると，24＋30＝54(ｇ)になる。これが，できた食塩水の12％にあたるから，できた食塩水の重さは，54÷0.12＝450(ｇ)，加えた水の重さは，450－(300＋30)＝120(ｇ)とわかる。

(10)　売り値は，3000＋120＝3120(円)なので，定価は，3120÷(1－0.2)＝3900(円)である。よって，(3900－3000)÷3000＝0.3より，仕入れ値の30％の利益を見込んで定価をつけた。

82　総合問題②

こたえ　(1)　9　(2)　400万円　(3)　8けた　(4)　$2\frac{53}{56}$
(5)　9067　(6)　12　(7)　6通り　(8)　250m　(9)　4％
(10)　62500円

くわしい解き方　(1)　{(142857×7)－(142＋857)×1000－(14＋28＋57)}÷100＝(999999－999×1000－99)÷100＝(999999－999000－99)÷100＝900÷100＝9

(2)　1 km^2＝1000m×1000m＝1000000 m^2，1 m^2＝100cm×100cm＝10000 cm^2より，0.8 km^2＝0.8×1000000＝800000 m^2，400 cm^2＝400÷10000＝0.04 m^2となる。よって，必要な種の数は，$3\times\frac{800000}{0.04}$＝60000000(粒)だから，代金は，$40\times\frac{60000000}{600}$＝4000000(円)＝400万円である。

(3)　2×3×4×5×7×8×25×125＝3×7×(2×5)×(4×25)×(8×125)＝21×10×100×1000＝21000000より，8けたの整数になる。

(4)　ある分数を$\frac{△}{□}$とすると，$3\frac{13}{33}=\frac{112}{33}$，$3\frac{3}{55}=\frac{168}{55}$より，$\left(\frac{△}{□}\times\frac{112}{33}\right)$と$\left(\frac{△}{□}\times\frac{168}{55}\right)$がどちらも整数になるから，□は112と168の公約数，△は33と55の公倍数である。また，最小の分数を求めるので，分母は大きく，分子は小さくしたい。よって，□は112と168の最大公約数の56，△は33と55の最小公倍数の165だから，求める分数は，$\frac{165}{56}=2\frac{53}{56}$である。

(5)　$\frac{5}{7}$＝5÷7＝0.714285714…より，小数点以下は(714285)の6個の数字が繰り返される。よって，2015÷6＝335余り5より，小数第1位から第2015位までの数字の和は，(7＋1＋4＋2＋8＋5)×335＋(7＋1＋4＋2＋8)＝9067となる。

(6)　5×☆＝3×★より，☆：★＝3：5となる。また，☆×★＝(3×□)×(5×□)＝240とすると，□×□＝240÷(3×5)＝16＝4×4より，□＝4とわかり，☆＝3×4＝12と求められる。

(7)　和が5になる3つの数の組み合わせは，(1，1，3)，(1，2，2)の2種類である。(1，1，3)の場合は，3の目になるサイコロが大，中，小の3通りで，(1，2，2)の場合は，1の目になるサイコロが大，中，小の3通りあるから，全部で，3＋3＝6(通り)になる。

(8)　姉が4歩で進む距離を妹は5歩で進むから，姉と妹の1歩の距離の比は5：4になる。また，姉が5歩進む間に妹は6歩進むので，姉が，5×5＝25の距離を進む間に妹は，4×6＝24の距離を進む。よって，妹が240m歩く間に姉は，$240\times\frac{25}{24}$＝250(m)歩く。

(9)　10％の食塩水100ｇにふくまれる食塩の重さは，100×0.1＝10(ｇ)である。また，できた食塩水の重さは，100＋50＋50＝200(ｇ)で，濃度が6％だから，ふくまれる食塩の重さは，200×0.06＝12(ｇ)になる。よって，食塩水Aにふくまれる食塩の重さは，12－10＝2(ｇ)とわかるので，食塩水Aの濃度は，2÷50×100＝4(％)と求められる。

(10)　1日の売り上げを1とすると，2割引きで同じ数だけ売ったときの売り上げは，1×(1－0.2)＝0.8になる。また，このとき売れた数が2割増しになると，売り上げは，0.8×(1＋0.2)＝0.96となる。よって，1日の売り上げの，1－0.96＝0.04が2500円にあたるから，1日の売り上げは，2500÷0.04＝62500(円)とわかる。